博碩文化

職場
初心者

一次學會
專案管理

從零開始系統化掌握
團隊協作、效率與風險管理

\ 專為專案管理的初學者量身打造，/
介紹專案管理的核心價值與實務應用

高效完成目標
＋
協調各方資源
＝
個人與企業
成功的關鍵

- ✓ 設定清晰的專案目標與範疇
- ✓ 時間與資源的高效分配與管理
- ✓ 風險預防與問題解決的實用策略
- ✓ 跨部門溝通與協作的最佳方法

胡世雄、江軍、彭立言 著

U0095945

作　　　者：胡世雄、江軍、彭立言
責任編輯：Cathy

董 事 長：曾梓翔
總 編 輯：陳錦輝

出　　　版：博碩文化股份有限公司
地　　　址：221 新北市汐止區新台五路一段 112 號 10 樓 A 棟
　　　　　　電話 (02) 2696-2869　傳真 (02) 2696-2867

發　　　行：博碩文化股份有限公司
郵撥帳號：17484299　戶名：博碩文化股份有限公司
博碩網站：http://www.drmaster.com.tw
讀者服務信箱：dr26962869@gmail.com
訂購服務專線：(02) 2696-2869 分機 238、519
（週一至週五 09:30 ～ 12:00；13:30 ～ 17:00）

版　　　次：2025 年 1 月初版

建議零售價：新台幣 520 元
I S B N：978-626-414-074-4
律師顧問：鳴權法律事務所 陳曉鳴律師

本書如有破損或裝訂錯誤，請寄回本公司更換

國家圖書館出版品預行編目資料

職場初心者一次學會專案管理：從零開始系統
　　化掌握團隊協作、效率與風險管理 / 胡世雄，
　　江軍，彭立言作 . -- 初版 . -- 新北市：博碩文
　　化股份有限公司, 2025.01
　　面；　公分

ISBN 978-626-414-074-4(平裝)

1.CST: 專案管理

494　　　　　　　　　　　　　　113018949

Printed in Taiwan

博 碩 粉 絲 團

歡迎團體訂購，另有優惠，請洽服務專線
(02) 2696-2869 分機 238、519

序言

　　本書作為專案管理的基礎篇，專門針對入門學習者和沒有專業背景的讀者設計。不論您是否有專案管理的經驗，本書都將引導您逐步掌握專案管理的核心概念與實務應用。透過系統化的學習，您將能夠有效運用專案管理的知識，無論是在工作中推動專案，還是在個人生活中提高效率。本書旨在為讀者提供一個堅實的基礎，使您能夠自信地應對各種專案挑戰，並為未來進一步的專業進修奠定良好的起點。

　　專案管理是一門能夠廣泛應用於所有產業和工作的學問。透過專案管理，我們可以有效地分清輕重緩急、追蹤問題，並提升溝通、學習與談判的能力，同時掌握時間管理，讓客戶感受到被重視。然而，並非每一家公司或每一個團隊都擁有正式的專案管理流程。無論您是在大型組織中還是快速成長的新創公司中工作，專案管理可能未必是您的團隊優先考量的事項。但在當前的工作環境中，維持條理和與隊友協作變得愈發困難。這時候，您可能會開始考慮專案管理的必要性。

　　那麼，什麼是專案管理呢？簡單來說，專案管理就是針對一個既定的目標，進行時程、預算及執行的控管，最終實現所設定的指標或目標。如今，幾乎所有的公司都需要專案管理的人才。當公司有特殊專案或是需要進行業務轉型、實施小型實驗時，通常會以專案的形式來處理。越來越多的企業甚至會常設專案管理人才，以協助推動企業內部的大型專案，並確保知識和經驗能夠在組織內部有效留存。

　　為什麼企業需要專案管理？以下是專案管理的五大好處：

- **增強協作與效率**：專案管理可以打破部門之間的壁壘，促進跨部門合作。當某個專案涉及多個部門時，專案管理能有效防止「踢皮球」現象，讓專案順利推進。

- **資源的最佳化利用**：專案管理使企業能夠針對具體專案調動資源，而無需動用整個部門的資源，從而達到資源最佳化配置。

- **風險管理與問題預防**：透過專案管理中的風險管理過程，企業能夠及早識別和應對潛在風險，從而減少專案失敗的可能性。

- **知識的留存與共享**：專案管理有助於將專案中的知識和經驗系統化，為企業未來的專案提供寶貴的參考資料，並促進內部知識共享。

- **發現並複製成功模式**：專案管理幫助企業識別並複製成功的專案模式，這樣企業可以在不增加大量固定成本的情況下，重複利用成功經驗以推動其他專案。

　　在當今的職場上，專案管理的重要性日益凸顯。打開求職網站，你會發現企業對專案經理等專案管理人才的需求越來越大。這些人才能幫助企業在競爭激烈的市場中，找到更多的成功模式，並有效地複製這些模式，助力企業在未來的發展中立於不敗之地。

作者 胡世雄 江軍 彭立言 謹誌

2025 年 春 於台北

作者簡歷

胡世雄 博士

|學歷|

* 美國爵碩（Drexel）大學系統與控制博士

|經歷|

* 勞動部關鍵就業力課程合格師資（DC, BC, KC）
* 美國管理科技大學（UMT）大中華區 特聘教授
* 佛光大學管理學系 兼任助理教授
* 中華國際傑出師資交流學會 副理事長
* 中華經貿物流發展協會 常務理事
* 台灣持續改善活動競賽（全國團結圈）評審委員
* 行政院人事行政總處公務人力發展學院、國家文官學院、國際合作發展基金會、台北市政府公務人員訓練處、新北市政府、中華民國品質學會、新北市、桃園市、新竹縣工業會、全漢企業、華信光電、台灣富士全錄、光泉牧場、勝昌製藥等公司專案管理實務課程特聘講座

|證照|

* PMI 授證國際專案管理師（PMP）
* SA 授證國際敏捷教練（CSM）
* ISO 14064-1:2018 溫室氣體盤查主導查證員
* ISO 14067:2018 產品碳足跡盤查主導查證員
* ISO 9001:2015 品質管理系統主導稽核員
* ISO 14001:2015 環境管理系統主導稽核員
* 澳洲卡根學院 TAE40110 訓練與評估四級證書
* SOLE 國際物流管理師
* 勞動部門市服務乙級技術士
* 中華民國品質學會品質管理師（CQM）
* 進階企業資源規劃師（運籌、財會及人資模組）
* 商業智慧（BI）規劃師
* TQC 專案管理師（專業級）

江軍

| 學歷 |

- 國立臺灣科技大學建築學博士
- 英國劍橋大學跨領域環境設計碩士
- 國立臺灣大學營建工程與管理碩士
- 國立臺灣科技大學建築學士／營建工程系學士
- 日本早稻田大學日本語教育科

| 經歷 |

- 力聚建設有限公司 總經理
- 力信建設開發集團 董事長特助
- 中華工程股份有限公司 工程師
- 博納實業有限公司
- 文化大學推廣教育部 講師
- 致理科技大學 業界專家講師
- 教育部青年發展署 青年委員
- 台北市政府第三屆青年諮詢委員會 委員
- 宜蘭縣政府第三屆青年諮詢委員會 委員
- 新北市政府青年事務委員會 協力團隊成員
- 教育部 青年諮詢會 委員
- RSG TAIPEI 2024 台北 Scrum 敏捷聚會 顧問

| 證照 |

- PMI 授證國際專案管理師（PMP）
- SA 授證國際敏捷教練（CSM）
- PMI-ACP 敏捷專案管理師
- PMI-PBA 國際商業分析師
- 敏捷專業證照（CSM）| Certified Scrum Master

- 中國一級項目管理師（高級技師）
- ITE 國家資訊人員鑑定甲級 - 專案管理類
- 中華專案管理師 CPPM
- CAPM 國際助理專案管理師
- 專案管理知識核心認證 / 專案管理概論 專業級
- 專案管理軟體應用（Project 2007）專業級 / TQC 專案管理專業人員證書
- 專案助理 PMA / 專案規劃師 CPMS / 專案特助 SPPA
- IPMA-D 級專案管理師
- MCTS Project 2010/Microsoft Project 2013 Specialist
- ITE- 專案管理單科證書 / ITE 軟體專案管理單科證書
- P+ 雲端專案管理證照 / PJM 專案管理基礎檢定

彭立言

| 學歷 |

- 國立臺灣大學生物環境系統工程研究所碩士
- 國立臺灣大學生物環境系統工程學系學士

| 經歷 |

- 銳見永續顧問股份有限公司 營運長
- 環科工程顧問股份有限公司 經理
- 2019 美國國務院訪問學人

| 證照 |

- 台灣永續能源研究基金會（TAISE）企業永續管理師證照
- ISO 14064-1:2018 溫室氣體盤查主導稽核員資格
- ISO 14067:2018 產品碳足跡盤查稽核員資格
- ISO 14001:2015 環境管理系統內部稽核員資格
- ISO 45001:2018 職業安全衛生管理系統內部稽核員資格
- ISO 50001:2018 能源管理系統內部稽核員資格
- ISO 46001:2019 水資源效率管理系統內部稽核員資格
- 中華民國環境部甲級廢水污染防治專責人員
- 中華民國環境部甲級空氣污染防制專責人員
- 中華民國環境部室內空氣品質專責人員
- 台灣企業永續獎見習評審員

目錄

第一篇
專案管理概論

第二篇

專案管理五大流程群組、十大知識領域

第一篇

專案管理概論

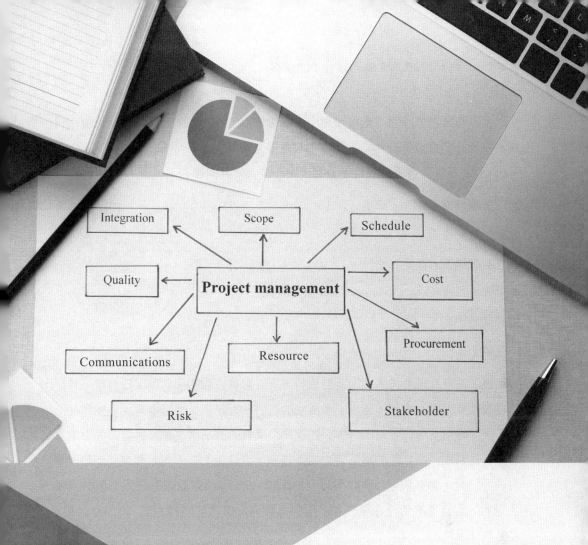

01

專案管理概論

　　台灣產業經濟正在不斷地改變中，由傳統的製造代工，逐漸轉型為研發高科技產品與行銷運籌管理中心，因此科技管理也就更為重要，現代科技管理與 ISO 9001:2015 品質管理系統等管理發展走向，有六大共同趨勢，包括：

1. 策略管理（內外部環境分析）

2. 風險管理

3. 利害關係人管理

4. 知識管理（KM, Knowledge Management）

5. 溝通管理

6. 變更管理

　　為了快速反應上述的共同發展趨勢，導致專案管理的需求也與日俱增，其目的在藉助有效率的管理，達成企業獲利的目的。近年來，國際專案管理標準從國外引進並應用於各行各業，快速引起產業及學者們的高度注意。目前國際上主流專案管理系統，例如國際專案管理知識體系，也是朝上述六大共同發展趨勢來發展的。因此，專案管理與科技管理及 ISO 9001:2015 品質管理系統是有著共同發展走向，而且專案管理領域熟悉了，也會更有利應用於科技管理 ISO 9001:2015 品質管理系統。

　　本章是描述專案管理的概論，說明專案管理（Project Management）的意涵，包括專案（Project）的定義與特性、專案與作業（Operation）的比較、專案管理的定義與特性、專案策略與專案組合（Portfolio）、計畫（Program）及專案間之關係、專案管理辦公室（PMO, Project Management Office）、專案生命週期（Project Life Cycle）及專案利害關係人（Stakeholder）等。

1.1 專案的定義與特性

在說明專案的特性之前，應先介紹專案的定義。依據目前最主流之國際專案管理學會（PMI）出版的專案管理知識體（PMBOK）中的定義：

A project is a temporary endeavor undertaken to create a unique product, service, or result.

「專案」是一種暫時性的努力，以創造出獨特的產品、服務或結果。

基本上，專案工作所要付出多少的努力，並不是決定其特性的主要因素，而一個專案的規模大小雖被視為重要，但卻不影響專案之特性。而所謂「專案」一般具有下列三項特性：

1. 暫時性（Temporary）

暫時性並非表示專案執行的時間很短，在法國博物館重建與歷史資料蒐整的專案，其時程可長達數十年。故無論執行時間的長短，暫時性表示一個專案具有一定的時程起始與終止點（Beginning and End），當達到目標則專案終止。

2. 獨特性（Unique）

此項任務是獨一無二且未曾發生過的，亦即不重複的（Non-Repetitive）。

3. 逐步精進完善（Progressive Elaboration）

在專案的早期，資訊非常缺乏，專案的規劃也就比較粗略；隨著專案的發展，資訊越來越充分，專案的規劃也就越來越詳細。簡言之，就是循序漸進發展，持續精益求精，也就是我們常說的「**先求有，再求好，再求更好**」。本書第二篇第 3 章專案時程管理會提到的專案管理工具中之滾波規劃法（Rolling Wave Planning），或稱湧浪規劃法，也是這樣的精神。

逐步精進完善就是:「遠粗近細」,「滾動式檢討」。
註:這裡的遠近指的不是距離的遠近,而是時間的遠近。

在企業的日常營運工作中,若不屬於專案者,就稱為「**作業(Operation)**」,或是「**營運**」。不同於專案的地方是,作業是例行性的日常活動,例如生產作業、銷售作業,及會計作業等。相對的,作業的特性包括持續性(On-going)及重複性(Repetitive)。專案與作業之相同與相異處比較,整理如圖 1-1 所示。

專案的特性	作業的特性
• 暫時性(Temporary) • 獨特性(Unique) • 逐步精進完善 (Progressive Elaboration)	• 持續性(On-going) • 重複性(Repetitive)

共同特性
- 需要由人員來執行
- 資源是有限的
- 需要規劃、執行及監控
- 達成組織策略或績效目標

圖 1-1　專案與作業之相同與相異處比較

1.2　專案管理的定義與特性

接下來,探討專案管理的定義:

「**專案管理**」乃是將管理知識、技能、工具及技術綜合運用到一個專案活動上,使其能符合專案需求。

　　此外，專案管理是透過適當地運用與整合五大流程組（起始、規劃、執行、監控及結案）（Five Process Groups: Initiating, Planning, Executing, Monitoring and Controlling, and Closing）、十大知識領域（Knowledge Areas），及許多邏輯關聯的專案管理內涵來完成專案目標，有關上述專案管理流程的詳細説明，將於本書下一章再詳細介紹之。

　　一般而言，管理專案包括：

1.　識別需求（Identifying Requirements）。

2.　建立清楚及可達成的（Clear and Achievable）目標。

3.　專案規劃及執行期間，妥善處理利害關係人（Stakeholders）不同之需求、關切及期望。

4.　平衡競爭性的限制（Balancing the Competing Constraints），包括：範疇（Scope）、時程（Schedule）、成本（Cost）、品質（Quality）、資源（Resources）及風險（Risks）等。

　　資源是一種 3M 架構，包括：人（Man）、機（Machine）、料（Material）。

　　簡言之，專案管理是一種既有效果地（Effectively）又有效率地（Efficiently）將專案成功執行的一種程序與方法，而一個「高品質的專案」其所關切的是如何能將一項任務：

如期（時程）、如質（品質）、及如預算（成本）的達成並充分滿足需求目標

　　除此之外，我們常提及「**專案的目標**」，就是指「**範疇、時程、成本及品質**」，而其中最重要的三項：專案「**範疇、時程及成本**」，就稱為「**三重限制（Triple Constraint）**」。三重限制係指在執行專案管理時，這三項均須嚴密控管，且必須三項都達成目標時，專案才能算成功。如執行一項專案之範疇達成

了，時程也達成了，可是經費嚴重超支，這樣的結果，專案還是失敗的。此外，三重限制中有一項變更了，通常另外兩項也會受到影響。舉例而言，如範疇擴大時，在一般情形下，時程及成本也會因此變更而增加；專案時程延誤時，要多花成本來趕工。因此，專案的範疇、時程、成本是綁在一起，互相連動的，因此稱為三重限制。高品質專案與專案的三重限制的示意圖，如圖 1-2 所示。

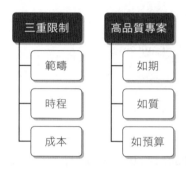

圖 1-2　高品質專案與專案的三重限制示意圖

 小試身手 1

以下哪些是屬於專案（P）？哪些是作業（O）？

❶ 開發新產品

❷ 蓋新的大樓

❸ 辦理每週例行週報表

❹ 創建自動檢測系統

❺ 每日電腦使用登錄與印表

❻ 巡查辦公室周邊

❼ 新訂單的趕工

❽ 技術藍圖與品號整編

❾ 便利商店新址展店

❿ 新建資訊管理系統

⓫ 資訊管理系統後台維護

⓬ 推動宜蘭直鐵或高鐵工程

⓭ 大型採購案規劃及辦理

⓮ 發生食安問題大量退貨處理

1.3 專案策略與專案組合、計畫及專案間之關係

近年來，除了專案管理是熱門的話題外，專案組合（Portfolio）與計畫（Program）管理也愈來愈受到企業及專案管理智識者的重視，本節中，將探討專案組合、計畫及專案間之架構關係，詳圖 1-3 所示，並說明如下：

1. 專案組合（**Portfolio**）

是專案（Project）、計畫（Program）、子專案組合（Subportfolios）及作業（Operations）的集合，並以「**群組（Group）**」方式管理，以達成「**策略目標**」（**Strategic Objectives**）。此外，組合管理（Portfolio Management）是集中管理一個或多個專案組合，包括識別、排定優先次序、授權、管理及控制專案、計畫及其他工作，以達成特定的策略性企業目標，因此保有最高權限的彈性，所以專案組合管理下的計畫或專案可以不相關。組合管理聚焦於審查專案與計畫，以利排定資源配置之優先次序（Prioritize Resource Allocation）。

> 專案組合就是投資組合、資產配置，要排定投資的優先次序。

2. 計畫（**Program**）

是指一群以「**協調（Coordinated）**」方式來管理的「**相關（Related）**」專案、子計畫及計畫活動，與個別地方式管理相較，將可「**提高利益與控制度**」。計畫包括專案與非專案工作，故專案可以獨立存在，不屬於任何計畫，但計畫內一定要有專案。計畫管理（Program Management）聚焦於專案間之依存關係（Interdependencies），並協助決定管理專案最佳之方法，包括解決專案間的資源限制與衝突、校準（Align）組織／策略方向、解決議題（Resolve Issues）及變更管理（Change Management）。

1. 計畫就如同馬車，馬車只是個空殼子，是不會跑的，要靠馬來拉才會跑，在這邊馬就代表是專案，因此計畫底下一定要有專案，而且計畫底下的專案是相關的：
   • PMI 國際專案管理學會及 PMP 協會稱計畫為：「專案集」。
   • IPMA 國際專案管理學會稱計畫為：「大型專案」。
2. 專案組合（Portfolio）、計畫（Program）、專案（Project）的英文都是以「P」開頭，因此三個合在一起，可以稱為「PPP」。

上述介紹的專案組合與計畫的層級均比專案還高。而比專案層級還低者，則稱為子專案（Subproject），是整體專案拆解出的小型專案。子專案是專案為了便於更有系統的管理，而將原本專案分解成小部分所形成，子專案也可以稱為是一個專案，但對於整體專案而言，它的規模小了很多。至於子專案的管理方式，也可運用專案管理之方法來管理之。

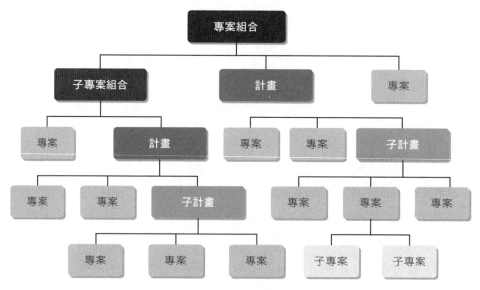

圖 1-3　專案組合、計畫及專案間之架構圖

小試身手 ②

1. 請寫出專案組合、計畫及專案由高至低的階層次序。
2. 組合可以直接帶領專案嗎？
3. 計畫底下一定要有專案嗎？
4. 計畫下轄的專案要相關嗎？
5. 組合下轄的專案要相關嗎？

接下來，依企業或組織的策略層級，由上而下展開，包括企業願景、任務（使命）、企業目標、策略計畫與專案組合、計畫、專案、子專案間之層級關係，整理如圖 1-4 所示。其中，請讀者注意各策略層級的目標是不同的。

各策略層級的目標

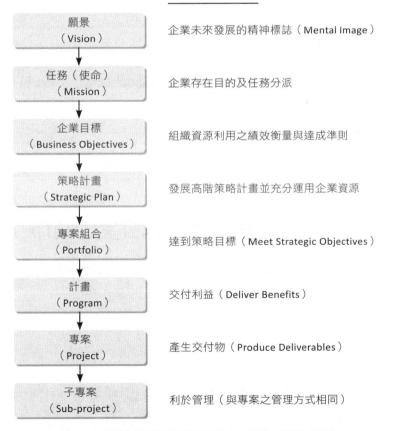

圖 1-4　企業各策略層級與專案組合、計畫、專案之關係

有了上述企業策略層級的觀念，再來研討專案的由來。專案通常是被利用來達成組織策略計畫的方法，而由以下策略考量之結果授權來執行的，也就是專案的由來、緣起，或是為什麼要執行各專案，是因為要來：

1. 建立或改良產品、服務或結果。

2. 實踐或改變企業或技術上的策略。

3. 滿足利害關係人的請求或需求。

4. 達到法規或社會的需求。

雖然在一個計畫下的專案有著分別（Discrete）的利益，但是都會對於計畫的利益、專案組合管理目標及組織策略計畫有所貢獻。

小試身手 3

針對專案組合、計畫、專案，完成下表：

策略層次	英文名稱	管理重點	轄下專案相關嗎？
專案組合			
計畫			
專案			N/A

1.4 專案經理與專案辦公室的關係

專案管理辦公室（PMO, Project Management Office）是一個能集中（Centralized）與協調（Coordinated）管理所屬專案的單位。

專案辦公室之主要工作為：

1. 管理專案間之分享資源（Shared Resources）。

2. 識別及發展專案管理方法論（Methodology）、最佳實務（Best Practice）及標準（Standard）。

3. 發展、管理及監控專案管理政策（Policies）、程序（Procedures）及範本（Template）。

4. 協調專案間之溝通（Communication）。

深度解析 ❷

最佳實務（Best Practice）就是省時、省人、省錢、少風險的方法。
針對不同的企業或組織，其最佳實務的作法也是不同的。

專案經理與專案辦公室的任務是不同的，分述如下：

1. 專案經理（Project Manager）負責在有限資源下（專案內的資源），管理特定專案的目標，包括範疇（Scope）、時程（Schedule）、成本（Cost）及品質（Quality）。

2. 專案管理辦公室（PMO）則是企業中之組織架構，要以達成企業目標為前提，掌管主要範疇之變更，於多個專案中充分利用企業的資源，並掌管整體風險、整體機會及多個專案中之相互依存關係（Interdependencies）（也就是先後次序）。

 ## 1.5 專案生命週期

專案生命週期（Project Life Cycle）亦即將專案分為多個「**階段（Phase）**」，其目的為「**易於管理**」。專案生命週期可整理如圖 1-5 所示，表示專案付出的努力（工作量、資源使用量）與時間軸之關係，在專案初期，成本和人力需求的程度都很低，然後隨之增加，其工作量到達頂點後，再逐漸降低工作量慢慢近尾聲而至專案結束，此種曲線的形狀稱為「**山型圖**」。

專案管理各階段之產出及成本費用與投入人力及與時間軸的關係圖，詳如圖 1-6 所示。

專案生命週期架構大概可分為 4 個階段：

1. 開始專案（Starting the Project）。

2. 組織與準備（Organizing and Preparing）。

3. 執行專案工作（Carrying out the Project Work）。

4. 結束專案（Closing the Project）。

專案生命週期定義專案自開始至結束之各階段過程（Defines the Beginning and End of the Project），專案各階段必須產生有形（Tangible）之「產出」，稱為「**交付物（Deliverables）或（專案標的）**」，依據專案的定義，專案交付物就是產品、服務或結果，也就是專案標的之「**泛稱**」。這些專案交付物的產出目的在於審查專案執行的績效：

1. 專案是否有必要繼續。

2. 專案是否必須進行修正。

各階段「產出」通常必須經過「**階段閘門審查（Phase Gate Review）**」後，始得進行下一個階段，否則必須要承擔風險。此外，圖 **1-6** 中提及之專案章程與專案管理計畫將於第二篇第 1 章專案整合管理再詳細介紹。

1. 專案生命週期就是：「分階段」，分階段後就會「易於管理」。
2. 專案生命週期工作量與時間軸的關係是「山型圖」。

深度解析 ❸

1. 專案生命週期的階段，越多越好嗎？

   答：不是，是剛好就好，通常專案生命週期可分成 3 至 5 個階段。

2. 專案可以只有一個階段就好嗎？

   答：可以，因為階段間要進行階段閘門審查（Phase Gate Review），需要完成大量的文件，通常適合複雜度高且成本高的專案；若專案是比較小型的話，可以簡單一點，只用一個階段（其實就是不用分階段），也是可以的。

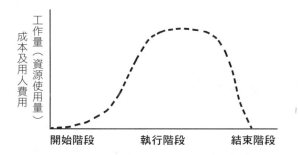

圖 1-5　專案生命週期工作量與時間軸關係之山型圖

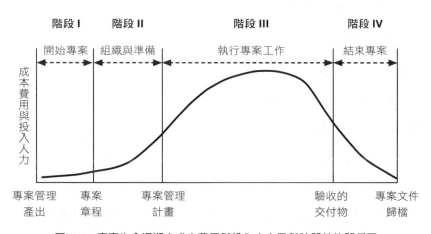

圖 1-6　專案生命週期之成本費用與投入人力及與時間軸的關係圖

階段間的關係

(1) **順序關係（Sequential Relationship）**：按部就班，又稱瀑布式（Waterfall），如大隊接力，第一棒交給第二棒，第二棒交給第三棒，依照順序來進行。

(2) **重疊關係（Overlapping Relationship）**：就是平行執行，如同步工程，節省專案時間，就能提早產品上市時間。

(3) **迭代（反覆）關係（Iterative Relationship）**：例如產品研發，在每個迭代階段，都要進行研發與試製。試製若遇到問題，就會改進研發後，再進行試製，如此一直迭代（反覆），直到專案完成。最近熱門的敏捷專案管理，也是常應用迭代關係。

 # 1.6　專案與作業的關係

前面的章節有介紹過專案（Project）與作業（Operation）的相同處與相異處，本節則要介紹專案與作業的相互關係。專案需要專案管理，而作業則需要企業流程管理或作業管理。在專案生命週期（Project Life Cycle）與產品生命週期（Product Life Cycle）中，專案與作業可能在下列時機點發生交會（Intersect）作用：

1. 每一階段（Phase）結束時。

2. 開發新產品或改良產品時。

3. 改進作業或產品發展流程時。

4. 直到產品生命週期結束作業汰除（Divestment）時。

上述的內容，可以整理如圖 1-7 所示。其中橫軸是時間軸，專案的起始來自企業計畫（Business Plan），包括需要「**創造機會，解決問題**」的任務，都可以據以發起一個專案，專案之目的，在於產生專案的「**交付物（Deliverable）（專案標的）**」，在「**專案生命週期**」的期間，可以分階段來進行，如實施組織與準備、執行專案與結束專案等。產生專案交付物後，就完成了「**專案生命週期**」，

且要「**轉移**」給作業，如果專案是「**研發**」的話，作業就是「**日常營運**」，包括生產與銷售作業。在生產銷售作業的過程中，若有任何需要產品改良的地方，也可以再發起一個「**產品改良專案**」，像這樣「**產品生命週期**」可以一直維持這個循環，一直到產品汰除為止。

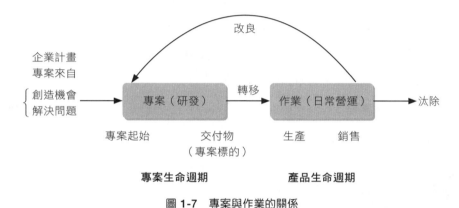

圖 1-7　專案與作業的關係

1.7　專案的利害關係人

專案的「**利害關係人（Stakeholder）**」，亦可稱為「**利益關係者**」或「**利益相關方**」（**Interested Party**），係指個人、團體或組織，可能會影響專案之決定、活動或結果，或受上述影響者，而且同時他們亦可能對專案及其最終結果產生影響力（可能是正面或負面）。專案經理或專案管理團隊要來識別內部及外部的利害關係人，倘若專案經理忽略利害關係人的需求，則專案會失敗；倘若利害關係人忽略其責任與參與，則專案也會失敗的。專案的利害關係人，可依據「**由上而下，由內而外**」的排列方式列舉如下：

1.　執行組織（Performing Organization）或公司

2.　贊助人（Sponsor）或老闆

3.　組合經理（Portfolio Managers）/ 組合審查委員會（Portfolio Review Board）

4.　計畫經理（Program Managers）

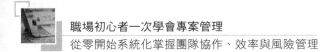
5.　專案經理（PM, Project Manager）

6.　專案管理團隊（Project Management Team）或核心團隊

7.　專案團隊（Project Team）

8.　其他的專案經理（PM from Other Projects）

9.　專案管理辦公室（PMO, Project Management Office）

10.　功能經理（Functional Mangers）或部門經理

11.　作業管理（Operations Management）

12.　賣方 / 企業夥伴（Seller/Business Partners）或供應商 / 子母公司 / 策略聯盟

13.　顧客 / 使用者（Customer/User）

深度解析 ❹

> 專案的利害關係人，可以將其分類，如：內部 / 外部；正面 / 負面或輕重 / 遠近，也就是
> 權利（Power）/ 關切（Interest）。

　　專案的利害關係人列舉，可整理如圖 1-8 所示。我們先以「由上而下方式整理」，最高的是執行組織，其實就是執行專案的組織或公司的「泛稱」，接下來就是贊助人或老闆，也就是出資者，然後就是專案經理的上上司－組合經理，專案經理的上司－計畫經理，再來到專案經理本身。接下來我們再以「由內而外方式整理」，圍繞在專案經理身邊，可以幫忙提供決策的核心團隊－專案管理團隊，再來就是專案團隊，此處的圓圈代表專案，圓圈以外，就是專案的外部了，包括有其他的專案經理、專案管理辦公室（PMO）及功能經理（也就是部門經理）。此處的方框代表公司內部，此框之外則代表公司外部了，包括有賣方 / 企業夥伴或供應商 / 子母公司 / 策略聯盟等，而再往外就是顧客 / 使用者。顧客與使用者是有些不同的，例如大賣場向洗髮精公司進貨洗髮精，則大賣場是洗髮精公司的顧客，但不是使用者；我們去大賣場買洗髮精回家使用，我們是大賣場的顧客，也是使用者。另外，還有一個知名的例子就是，媽媽買尿布給寶寶，媽媽是顧客，而寶寶則是使用者。

有關於專案利害關係人識別、分析及影響其參與等議題，在本書第二篇第
10 章專案利害關係人管理，會有更深入與詳細的介紹，請讀者參閱。

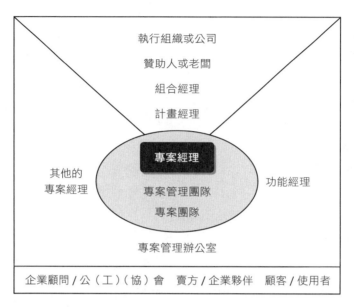

圖 1-8　專案的利害關係人「由上而下，由內而外」整理示意圖

小試身手解答

1. 只有 (3), (5), (6), (11) 是作業（Operation），其他的都是專案（Project）。

2. (1) 由高至低，分別是專案組合、子專案組合、計畫、子計畫、專案、子專案。

    (2), (3), (4) 都是：「是的」。

    (5) 不是的，可以不相關。

3.

策略層次	英文名稱	管理重點	轄下專案相關嗎？
專案組合	Portfolio	企業策略目標	可以不相關
計畫	Program	協調、獲得利益	相關
專案	Project	產生交付物	N/A

1. 學習專案管理，了解每個名詞的定義是很重要的，下列何者為一種暫時性的努力，以創造出獨特的產品、服務或結果？
   (A) 專案管理
   (B) 專案
   (C) 交付物
   (D) 作業

2. 專案團隊的組成，目的便是善用資源來完成專案目標，關於專案的特性，以下說明何者為非？
   (A) 重複性
   (B) 暫時性
   (C) 逐步精進完善
   (D) 特殊性

3. 依據專案的特性判斷，下列何者不是專案？
   (A) 開發新產品
   (B) 電腦系統例行性掃毒
   (C) 新訂單的趕工
   (D) 辦理三十週年慶活動

4. 依據作業的特性判斷，下列何者不是作業？
   (A) 巡視生產線
   (B) 蓋新廠房
   (C) 每日記帳
   (D) 每月例行性會議

5. 專案管理所包含的三重限制（Triple Constraint），以下何者不屬之？
   (A) 成本（Cost）
   (B) 時程（Schedule）
   (C) 範疇（Scope）
   (D) 風險（Risk）

6. 下列有關專案管理的階層發展，由上至下何者排列方式是正確的？
   (A) 專案組合（Portfolio） (B) 專案（Project） (C) 計畫（Program）
   (A) cba
   (B) acb
   (C) bac
   (D) abc

7. 關於專案組合與計畫之描述，下列何者有誤？
   (A) 專案組合可以直接帶領專案
   (B) 計畫底下一定要有至少一個專案
   (C) 計畫下轄的專案必須要具有相關性
   (D) 專案組合下轄的專案要必需要具有相關性

8. 公司負責人或投資人會管理許多不同的專案和計畫，請問執行專案組合管理（Portfolio）
之主要目的在於？

(A) 獲得利益   (B) 達成策略目標

(C) 完成交付物   (D) 執行專案工作

9. 如果把專案視為一個生命體，從發起一個專案到產生交付物結束專案的過程，稱為專案
的生命週期。在下列專案生命週期之各階段，何者支用成本與用人之費用會是最高的？

(A) 起始階段   (B) 規劃階段

(C) 執行階段   (D) 監控階段

10. 請問專案生命週期間的階段與階段關係有三種，並不包括下列哪一種？

(A) 順序關係（Sequential Relationship）

(B) 重疊關係（Overlapping Relationship）

(C) 迭代（反覆）關係（Iterative Relationship）

(D) 間斷（不連續）關係（Discrete Relationship）

11. 下列有關專案生命週期（Life Cycle）之敘述，何者有誤？

(A) 專案不確定性（Uncertainty）及風險（Risk）在專案初期最高。

(B) 專案之變更成本，會隨專案時程發展而增高。

(C) 專案生命週期的階段與階段關係，會有重疊而同時進行的情形。

(D) 專案利害關係人（Stakeholders）的影響，會隨專案時程發展而增高。

12. 專案生命週期常以成本及用人費用和時間繪製圖形代表不同階段的資源使用量，主要
是何種圖形？

(A) 山型圖   (B) 微笑曲線

(C) 浴缸曲線   (D) 期末高

13. 下列針對專案利害關係人（Stakeholders）之敘述，何者為非？

(A) 顧客（Customer）屬於專案利害關係人之一

(B) 專案利害關係人對專案的目標是一致的

(C) 專案利害關係人可能是個人亦可為組織機構

(D) 專案利害關係人對專案可能有正面或負面的影響

14. 請問有一群人，圍繞在專案經理身邊，可以協助專案經理提供決策，有時也稱為核心團隊（Core Team）的，其正式名稱是什麼？

(A) 計畫經理

(B) 專案管理團隊

(C) 功能經理

(D) 專案團隊

15. 你是某市政府拆除大隊的大隊長，你正在進行一個老舊社區拆除的專案，當大批人力進駐，開著怪手要進行拆除時，有一個老伯伯抱著瓦斯鋼瓶，嚷嚷說要跟房子一起共進退，請問這位老伯伯是屬於怎樣典型的代表？

(A) 外部的利害關係人

(B) 內部的利害關係人

(C) 負面的利害關係人

(D) 正面的利害關係人

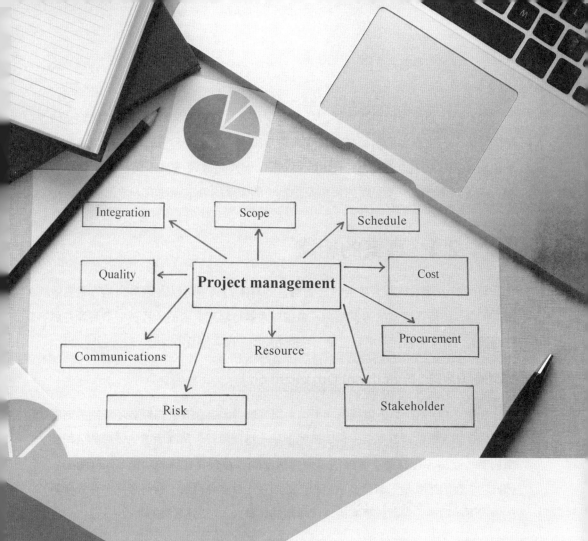

02

專案的
組織環境與流程

在前面一章簡單地説明專案管理的概論，本章繼續説明專案的組織環境及流程的介紹，包括專案的組織架構、企業環境因素、組織流程資產、專案管理的標準流程架構 ── 包含常見的五大流程群組、十大知識領域及不同的專案管理內涵，最後則會介紹專案經理的角色及作為一個優秀的專案經理的人才三角職能。

2.1　專案的組織

　　專案的組織架構非常重要，一個適當的專案組織，可以讓專案的執行更有效率；反之，一個不適當的專案組織，會讓專案執行起來卡卡的，耗費很多資源在溝通協調上。專案的組織架構有三種，包括功能型、專案型及矩陣型，詳細説明如下：

1. 功能型組織（Functional Organization）

　　如圖 2-1 所示，之所以稱為功能型組織，就是因為保有公司原有功能別的階層式組織架構，每位幕僚都有一位明確的上司，指揮與報告架構明確。一般的公司組織設有「產銷人發財資」等部門，而每個部門，都有其特殊的功能（Function），因此功能型組織就是「**部門型**」組織，亦即在「**原有部門內**」執行專案，在大多數的情況下，功能經理就是專案經理（專案的負責人），領導專案的執行。

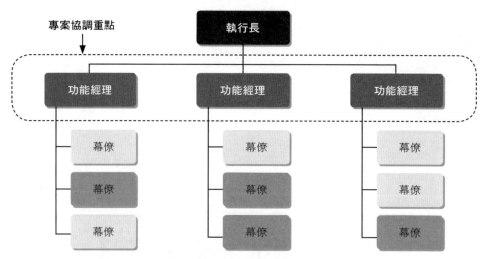

註：■灰色表示是有參與專案的幕僚

圖 2-1　功能型組織架構示意圖

2. 專案型組織（Projectized Organization）

　　如圖 2-2 所示，針對公司組織的策略與經營的需求，正式成立專案，指派專案經理。因為公司重視專案，因此公司大部分的資源，都是供專案使用。通常專案團隊成員專職（Full Time）參與專案，且集中辦公（Co-location），專案經理有極大的獨立性及權限。

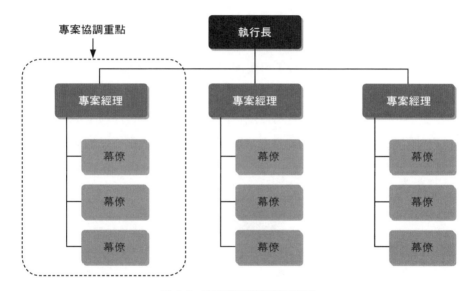

圖 2-2　專案型組織架構示意圖

深度解析 ❶

比較功能型與專案型的不同，由圖 2-1 與 2-2 可以整理出三個不同的地方：

1. **領導者（Leader）不同**：功能型是由功能經理領導（功能經理就是專案經理）；而專案型是由專案經理領導。

2. **專案協調重點不同**：功能型是以功能經理間的高階協調為主（因為功能經理代表該部門）；而專案型則重視專案內的協調（專案間除了共用資源有時會有衝突需協調外，通常都是各做各的）。

3. **參與專案的幕僚（圖中以灰色方塊表示）比例不同**：專案型，是為專案而生的，因此每一位幕僚都有參與專案；而功能型，只有部分被挑選出來的幕僚有參與專案（通常是挑比較優秀的，積極努力的，肯為公司付出的，要栽培成為未來幹部的）。

3. 矩陣型組織（Matrix Organization）

專案的矩陣型組織，又可以分成三種類型，包括弱矩陣、平衡矩陣及強矩陣。詳細說明如下：

(1) 弱矩陣型（Weak Matrix）：如圖 2-3 所示，可看出弱矩陣型組織，已具備矩陣型「**跨功能**」（也就是跨部門）的特性，再細看，可發現並沒有專案經理這個頭銜，一個專案沒有專案經理，只有協調者（Coordinator）來進行協調，可看出這種架構非常「**鬆散**」，因此稱為「**弱**」矩陣型。請讀者將圖 2-3 與圖 2-1 和圖 2-2 進行比較，可看出「**弱矩陣型比較接近功能型**」。與功能型相較，也只有專案協調重點不同，弱矩陣的專案協調重點比較屬於較低的作業層次，是專案各部門的幕僚間進行協調。實務上，一般公司福利委員會（簡稱福委會）的組織，或是過年前全公司進行大掃除或年節佈置專案，就比較像弱矩陣型的組織。

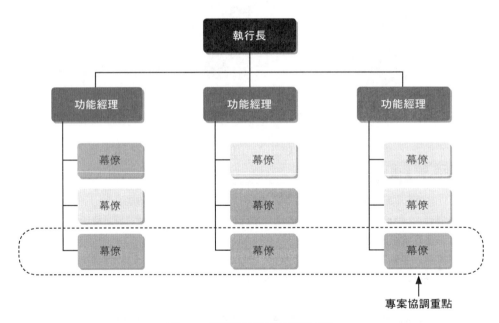

圖 2-3　弱矩陣型組織架構示意圖

(2) 平衡矩陣型（**Balanced Matrix**）：如圖 2-4 所示，在主要負責專案推動的功能別內，也就是功能經理所管轄的部門內，挑選一位幕僚來擔任專案經理，若是稍微重要的專案，也可能挑選部門內小主管或部門副理來擔任專案經理，因為專案經理的職務越高，通常權限與協調的能力與資源都越高。因此，平衡型組織最大的特色就是「**專案經理是功能經理的部屬**」，由專案經理與功能經理「**共同**」來推動與管理專案，達成兩人之間的權力平衡，因此稱為平衡型矩陣。

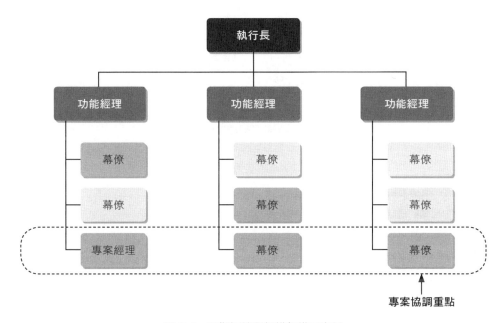

圖 2-4　平衡矩陣型組織架構示意圖

(3) 強矩陣型（**Strong Matrix**）：如圖 2-5 所示，強矩陣型則成立一個專責單位，將專案經理集中起來管理。這個專責單位的主管稱為專案總監，也有公司稱為專案副總、專案處長、專案協理、專案長、研發長、大 PM 等，是所有專案經理的主管，也常常就是專案管理辦公室（PMO）的主管。在台灣多家組織成熟度很高的研究單位及上市的高科技以公司，都是採用強矩陣型組織。

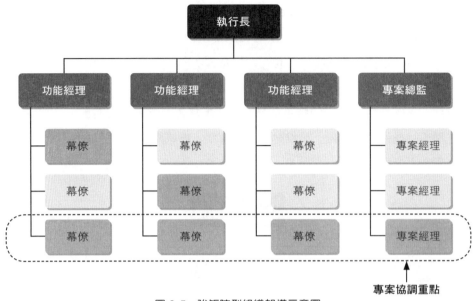

專案協調重點

圖 2-5　強矩陣型組織架構示意圖

深度解析 ❷

矩陣型組織的優缺點

優點：充分運用企業內跨部門的資源。

缺點：雙重指揮線（2-Boss），專案幕僚要同時面對功能經理與專案經理，不知該聽誰的，
　　　因此需要更完善的溝通與協調。

4. 各種專案組織的比較

組織架構 專案特性	功能型	矩陣型			專案型
		弱矩陣	平衡矩陣	強矩陣	
專案經理的權限	最低	低	中	高	最高
資源可用性	最低	低	中	高	最高
誰控制預算	功能經理	功能經理	功能經理與 專案經理共同	專案經理	專案經理
專案經理的角色	兼職	兼職	全職	全職	全職
專案管理幕僚	兼職	兼職	兼職	全職	全職

5. 專案組織的選定

專案組織架構的選定，沒有最好的，只有最適當的。通常是依據專案的規模（考量時程的長短、成本的高低、人力運用的多寡、技術複雜度的難易程度）來選擇：

(1) **規模小型的專案**：採用「**功能型**」，功能經理就是專案經理，專案在部門內即可完成。

(2) **規模中型的專案**：採用矩陣型（運用跨部門資源）。

- 較簡單的專案，不需要專案經理的，採用「**弱矩陣型**」。
- 專案數量少，或有專業壁壘（屏障）的，則分開管理，採用「**平衡型矩陣**」。
- 專案數量較多，且沒有專業壁壘的，則集中管理，採用「**強矩陣型**」。

(3) **規模大型的專案，或特別重要、特別緊急的專案**：則要全心投入，專職專責來進行專案，因此適合採用「**專案型**」組織。專案的資源是有限的，專職來做都不見得做的好，若是兼職來做，一定比專職來做更差了。

 ## 2.2 企業環境因素

企業環境因素（EEF, Enterprise Environmental Factors）係指會影響、限制與指導專案成功的企業內部（Internal）或外部（External）的環境因素，這些條件因素通常無法由專案團隊來控制（就是不可控），也可能會增強或限制專案管理的選擇，並對專案結果有正面或負面的影響，在專案規劃流程時常用來做為重要的參考投入（Inputs）。

1. 企業內部因素

有關企業內部因素，就是企業本身的條件，除了組織文化結構外，也包括常提起的「六管」，也就是「**產銷人發財資**」的組織成熟度。企業內部因素可列舉如下：

(1) 組織文化、結構及治理（Organizational Culture, Structure and Governance）。

(2) 設施與資源的地理分佈（Geographic Distribution of Facilities and Resources）。

(3) 基礎設施（Infrastructure）。

(4) 員工能力（Employee Capability）。

(5) 資源可用性（Resource Availability）。

(6) 資訊科技軟體（Information Technology Software）。

企業管理的「六管」主要分為「生產與作業管理」、「行銷管理」、「人力資源管理」、「研發管理」、「財務管理」及「資訊管理」，業界有一套用來幫助記住這些名詞的口訣，稱為「產銷人發財資」。

　　其中資訊科技軟體，包括工作授權系統（Work Authorization System），是專案管理系統（PMIS）的子系統，其定義為專案工作如何進行授權/承諾，以確保負責組織在正確的時間、按適合的順序執行相關工作之書面記錄程序的彙總。包括核准工作授權所需之步驟、書面文件、追蹤系統及規定的核准層級。簡而言之，工作授權系統看起來文謅謅的，其實就是我們較常聽到的專案工單（製令）系統，就是將正確的時間、正確的地點、以正確的步驟完成正確的工作的各項資料完整的記錄下來。

2. 企業外部因素

　　企業外部因素就是指有關政策、經濟、社會及科技等會影響企業的因素，如：

(1) 政府或產業標準（Government or Industry Standards）。

(2) 法規限制（Legal Restrictions）。

(3) 實體環境要素（Physical Environmental Elements）：工作條件與氣候。

(4) 市場狀況（Marketplace Conditions）。

(5) 商業資料庫（Commercial Databases）。

(6) 財務條件（Financial Considerations）：匯率、利率及關稅等。

(7) 社會與文化影響及議題（Social and Cultural Influences and Issues）。

(8) 學術研究（Academic Research）。

 企業外部因素，包括政策（Policy）、經濟（Economy）、社會（Society）及科技（Technology）等四項，可用字頭語「PEST」，或「政經社科」來表示。

其中要注意的是商業資料庫，雖然是資料庫，但並不是公司自己本身建立的，而是由外部市場調查機制所公佈的，如某公司筆記型電腦銷售數量或大豆平均售價等，故商業資料庫其實也就相似於市場狀況，是屬於經濟上的企業外部環境因素，而不是屬於組織流程資產（請參閱第 2.3 節）。

上述企業環境因素經歸類整理後，可結合最近很熱門的「**策略管理實務**」中的「**內外部環境分析**」（SWOT 分析），彙整如表 2-1 所示。

表 2-1　企業環境因素結合 SWOT 分析表列

企業環境因素（**EFF, Enterprise Environmental Factors**）	
企業內部因素 （文化與結構、產銷人發財資）	**優勢（Strength）/ 劣勢（Weakness）**
	1. 組織文化、結構及治理 2. 設施與資源的地理分佈 3. 基礎設施 4. 員工能力 5. 資源可用性 6. 資訊科技軟體
企業外部因素 （政策、經濟、社會及科技）	**機會（Opportunity）/ 威脅（Threat）**
	1. 政府或產業標準 2. 法規限制 3. 實體環境要素 4. 市場狀況 5. 商業資料庫 6. 財務條件 7. 社會與文化影響及議題 8. 學術研究

2.3 組織流程資產

組織流程資產（OPA, Organizational Process Assets）是一些實務知識，被用來執行或治理專案的。包括計畫（Plans）、流程（Processes）、政策（Policies）、程序（Procedures）及知識庫（Knowledge Base），這些資產會影響專案的管理。此外，組織流程資產還包括經驗學習（Lessons Learned）及歷史資訊（Historical Information），如完成的時程、風險資料及實獲值（Earned Value）資料等。因為組織流程資產是屬於組織內部資料，因此在專案執行中，專案團隊要盡可能地適時更新與增加組織流程資產。組織流程資產可整理區分為兩大部分，說明如下：

1. 流程（Processes）、政策（Policies）、及程序（Procedures）

(1) **起始與規劃階段**：指導方針與標準、組織政策（人資、健康與工安、安全與保密、品質、採購及環境政策等）、產品與專案生命週期與管理方法、各式範本（Templates）、事先核定的供應商清單與合約形式。

(2) **執行與監控階段**：變更控制程序、追蹤矩陣（Traceability Matrices）、財務控制程序、議題與缺點管理程序、資源可用性控制與指派管理、組織溝通需求、優先次序、核准與工作授權程序，各式範本、標準守則、工作指導書（Work Instructions）、建議書評估準則（Proposal Evaluation Criteria）、績效量測準則，產品、服務或結果驗證（Verification）與確認（Validation）程序。

(3) **結案階段**：專案結案指導書或需求文件，如最終專案稽核、專案評估、交付物驗收、合約結束、資源重新指派、及將知識轉移給產品或作業。

2. 組織知識庫（Organizational Knowledge Base）

(1) 型態管理（Configuration Management）知識庫（Knowledge Repositories）：
管理文件與軟體的版次及產品規格的演進。

(2) 財務（Financial）資料庫。

(3) 歷史資訊（Historical Information）及經驗學習（Lessons Learned）知識庫。

(4) 議題（Issue）與缺點（Defect）管理資料庫。

(5) 度量（Metrics）資料庫：用於產品與流程量測資料。

(6) 專案檔案（Project Files）：範疇、時程、成本及績效量測基準（Baseline）、
專案行事曆及時程網路圖（Schedule Network Diagram）、風險登錄表（Risk
Register）、風險報告及利害關係登錄表。

在專案管理的學習上，可將「**歷史資訊**」（**Historical Information**）及「**經
驗學習**」（**Lessons Learned**）視為組織流程資產的同義字。此外，於專案管理實
務上，若需分辨某項目係屬企業環境因素或組織流程資產時，建議可將組織流程
資產的兩大項標題內容熟記，而不屬於組織流程資產者，即屬於企業環境因素。

深度解析 ❸

企業環境因素（EEF）與組織流程資產（OPA）之區別，可整理如下表所述：

	企業環境因素（**EEF**）	組織流程資產（**OPA**）
層面高低	高階策略經營面	低階作業執行面
架構與產出	系統架構	知識分享（產出）
前後關係	在前（自變數）	在後（因變數）
內外部環境	內部環境 + 外部環境	內部 - 流程 SOP
控制因素	常為不可控	可控

小試身手 1

請分辨下列各項是屬於企業環境因素（EEF），還是組織流程資產（OPA）？

1. 工作授權系統（Work Authorization System）
2. 人力資源政策（Human Resource Policy）
3. 型態管理知識庫（Configuration Management Knowledge Repositories）
4. 員工能力（Employee Capability）
5. 商業資料庫（Commercial Database）
6. 各式範本（Templates）
7. 法規限制（Legal Restrictions）
8. 指導方針與標準（Guidelines And Standards）
9. 學術研究（Academic research）
10. 議題與缺點管理程序（Issues and defects management procedures）

 ## 2.4 專案管理的流程及知識領域

依據專案管理的架構，專案管理可以分成五大流程群組、十大知識領域及 49 個管理內涵，因此可彙整成專案管理五大流程群組、十大知識領域及管理內涵之對照表（表 2-2），說明如下。

上方的橫軸代表五大流程群組（Five Process Groups），分別是：

(1) 起始（Initiating）流程群組。

(2) 規劃（Planning）流程群組。

(3) 執行（Executing）流程群組。

(4) 監控（Monitoring and Controlling）流程群組。

(5) 結案（Closing）流程群組。

左方的縱軸代表十大知識領域（Ten Knowledge Areas），分別是：

(1) 專案整合（Integration）管理。

(2) 專案範疇（Scope）管理。

(3) 專案時程（Schedule）管理。

(4) 專案成本（Cost）管理。

(5) 專案品質（Quality）管理。

(6) 專案資源（Resource）管理。

(7) 專案溝通（Communications）管理。

(8) 專案風險（Risk）管理。

(9) 專案採購（Procurement）管理。

(10) 利害關係人（Stakeholder）管理。

對應表中間的就是各項管理內涵，任何 1 個管理內涵，皆分屬 1 個流程群組及知識領域，如「規劃時程管理」是屬於（向上對應）規劃流程群組，亦屬於（往左對應）專案時程管理知識領域。

表 2-1　專案管理五大流程群組、十大知識領域及管理內涵對照表

十大知識領域	五大流程群組（Process Groups）				
	起始（I）	規劃（P）	執行（E）	監控（C）	結案（C）
1. 整合管理	1.1 發展專案章程	1.2 發展專案管理計畫	1.3 指導與管理專案工作 1.4 管理專案知識	1.5 監控專案工作 1.6 執行整合變更控制（ICC）	1.7 結束專案或階段
2. 範疇管理		2.1 規劃範疇管理 2.2 收集需求 2.3 定義範疇 2.4 建立 WBS		2.5 確認範疇 2.6 控制範疇	

十大知識領域	五大流程群組（Process Groups）				
	起始（I）	規劃（P）	執行（E）	監控（C）	結案（C）
3. 時程管理		3.1 規劃時程管理 3.2 定義活動 3.3 排序活動 3.4 估計活動工期 3.5 發展時程		3.6 控制時程	
4. 成本管理		4.1 規劃成本管理 4.2 估計成本 4.3 決定預算		4.4 控制成本	
5. 品質管理		5.1 規劃品質管理（QP）	5.2 管理品質（QA）	5.3 控制品質（QC）	
6. 資源管理		6.1 規劃資源管理 6.2 估計活動資源	6.3 獲得資源 6.4 發展團隊 6.5 管理團隊	6.6 控制資源	
7. 溝通管理		7.1 規劃溝通管理	7.2 管理溝通	7.3 監督溝通	
8. 風險管理		8.1 規劃風險管理 8.2 識別風險 8.3 執行定性風險分析 8.4 執行定量風險分析 8.5 規劃風險回應	8.6 執行風險回應	8.7 監督風險	
9. 採購管理		9.1 規劃採購管理	9.2 執行採購	9.3 控制採購	
10. 利害關係人管理	10.1 識別利害關係人	10.2 規劃利害關係人管理	10.3 管理利害關係人參與	10.4 監督利害關係人參與	

小試身手 ②

請完成五大流程群組的 IPECC 配合題：

起始（Initiating）	（ ）	(A) 追蹤、審查及調節專案之進度與績效；識別計畫變更之需要；起始相對應的變更
規劃（Planning）	（ ）	(B) 結束所有流程群組間的活動，以正式結束專案或階段
執行（Executing）	（ ）	(C) 經由獲得授權（Authorization）開始一個專案或階段（Phase），來定義一個專案或階段
監控（M&C）	（ ）	(D) 完成專案管理計畫所定義之工作，以滿足專案規格（Specifications）
結案（Closing）	（ ）	(E) 建立專案範疇（Scope）、精煉（Refine）專案目標及定義採取之行動，以達成專案目標

1. 五大管理流程與專案生命週期間階段的互動關係

五大流程群組與專案生命週期間的階段（Phase）是不同的，假若專案生命週期分了數個階段來進行（詳見本書第 2.5 節的說明），在每一個階段內都要依照五大流程群組，也就是「IPECC」來進行，詳如圖 2-6 所示。

 深度解析 ④

五大管理流程與階段間的互動關係圖，有以下五大特性：

1. IPECC 五大流程群組的個別工作量，都呈現「**山型圖**」。
2. 執行流程的工作量最高，規劃流程次之。
3. 監控流程的時幅（Time Duration）最長，代表專案要「**全程**」監控。
4. IPECC 五大流程群組是重疊的（Overlapping），而不是相互獨立的。
5. 把 IPECC 五個圖形合併加總起來，可以得到一個「**大的山型圖**」。

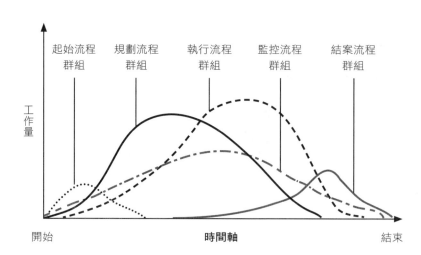

圖 2-6　五大管理流程與專案生命週期間階段的互動關係

2. 專案管理內涵的架構圖

　　前面所提到之專案管理內涵,有著共通的流程架構,可以區分為投入、工具與技術、及產出。如下圖 2-7 所示。其中投入,就是執行這個管理內涵的依據文件與資源需求,再應用相關的工具與技術,產生績效成果,稱為產出。本書第二篇的各章節的管理內涵之說明,也都是運用相同的架構來呈現。

圖 2-7　專案管理內涵的架構圖

2.5 專案經理的角色

專案經理在專案中扮演著最重要的角色,主要負責專案的推動,也要負責專業上的問題解決,還要協調專案的各項資源,及與專案團隊成員及利害關係人溝通。專案經理是專案的核心人物,他的素質、職能及工作績效直接影響專案的成敗。如同帶領一個 25 名隊員的棒球隊去參加國際比賽,專案經理最重要的角色有下列三項:

(1) 掌握每一位成員的角色。

(2) 為團隊負責,帶領團隊產生成果。

(3) 提升自我的專業知識與實務技能。

1. 專案經理需要具備的人才三角職能

一個優良的專案經理該具備的人才三角(Talent Triangle)職能(Competencies),如圖 2-8 所示。一個面面俱到的專案經理,需要強化以下的職能:

(1) **技術面專案管理的職能**:主要就是專案管理的專業內容,包含範疇(WBS)、時程(要徑法)、成本(實獲值分析)、品質、風險(機率與衝擊矩陣)、採購、利害關係人管理等,均會在本書的第二篇中說明。

(2) **領導統御的職能**:領導、團隊合作、指派工作、激勵、溝通、協調、衝突解決、談判、會議管理等,是屬於人際關係間的(Interpersonal)「**軟技巧**(**Soft Skill**)」。專案經理還需要熟悉領導風格、權力的種類及激勵理論等,會在本書的第二篇-專案資源管理後面的補充資料中詳細介紹說明。

(3) **策略及企業管理的職能**:願景(Vision)、使命(Mission)、核心價值及策略目標訂定、策略排序(Priority)、短中長期營運計畫、SWOT 分析、TOWS 策略矩陣、波特的五力分析、STP 市場定位、BCG 模式、平衡計分卡(BSC)、KPI 績效管理、OKR 目標與關鍵成果、MBO 目標管理、麥肯錫決策矩陣、一頁式商業模式等。

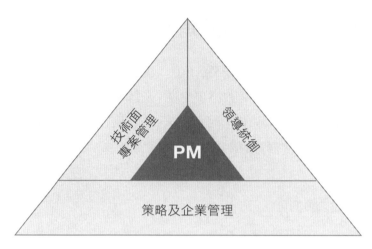

圖 2-8　專案經理的人才三角職能

　　專案經理的人才三角職能可以運用三角形圖示呈現，三大構面的職能，形成一個平衡且協作的關係。

小試身手解答

1 企業環境因素（EEF）：(1), (4), (5), (7), (9)
　 組織流程資產（OPA）：(2), (3), (6), (8), (10)
2 配合題：C, E, D, A, B

精華考題輕鬆掌握

1. 依據不同的目標，專案會以不同的組織架構組成，才能將企業內部的人力、資金、技術等資源的效果極大化，下列何者不屬於專案的組織架構類型？
   (A) 功能型　　　　　　　　　　(B) 專案型
   (C) 流程型　　　　　　　　　　(D) 矩陣型

2. 隨著專案的組織架構不同，專案團隊中的成員即使職稱相同，執掌和權限也會有所不同。在以下的組織架構中，何者會使專案經理擁有最大的權限及資源？
   (A) 專案型　　　　　　　　　　(B) 矩陣型
   (C) 功能型　　　　　　　　　　(D) 以上皆非

3. 一個企業當中，可能因為不同的任務屬性而有多種的組織架構，下列何種專案組織架構，專案成員最可能是兼任的？
   (A) 專案型　　　　　　　　　　(B) 功能型
   (C) 強矩陣型　　　　　　　　　(D) 平衡矩陣型

4. 下列何者不是功能型與專案型組織的特性？
   (A) 功能型是由功能經理領導，專案型是由專案經理領導
   (B) 功能型重視底層作業層級的協調
   (C) 專案型重視專案內的協調
   (D) 專案型每一位成員都要參與專案，而功能型只有部分成員參與專案

5. 下列針對專案組織的特性，何者為非？
   (A) 矩陣型的優點就是可以充分運用企業內跨部門的資源
   (B) 矩陣型組織的缺點就是會造成雙重指揮線，需要更多的溝通協調
   (C) 強矩陣型組織的專案經理，通常是專任的
   (D) 平衡矩陣型組織通常不設立專案經理，而由專案協調人進行專案的統整

6. 下列針對專案組織的特性，何者為非？
   (A) 規模較小及複雜度低的專案，通常適合功能型組織
   (B) 平衡型矩陣最大的特色就是專案經理是功能經理的部屬
   (C) 矩陣型組織中，倘若公司內的專案數量較多時，適合採用平衡矩陣型組織
   (D) 弱矩陣型比平衡矩陣型更接近功能型組織

7. 下列何者不屬於「內部的」企業環境因素？
   (A) 組織文化、結構及治理　　　　　　(B) 法規限制
   (C) 資源可用性　　　　　　　　　　　(D) 資訊科技軟體

8. 企業環境因素指的是會限制或引導專案，但非專案執行單位所能控制的因素，組織「外部」的企業環境因素包含以下何者？
   a. 管理程序　b. 產業標準　c. 組織內部規範　d. 資訊科技軟體　e. 學術研究
   f. 財務考量　g. 員工能力　h. 市場狀況　　　i. 社會文化議題
   (A) acde　　　　　　　　　　　　　(B) cdhi
   (C) behi　　　　　　　　　　　　　(D) adfi

9. 下列何者，不屬於組織流程資產？
   (A) 議題與缺點管理資料庫　　　　　　(B) 組織政策
   (C) 經驗學習　　　　　　　　　　　　(D) 商業資料庫

10. 關於組織流程資產（OPAs, Organization Process Asserts）指的是由組織制定的計畫、過程、政策和知識庫，這些資產會有助於專案的執行。關於 OPAs 之描述以下何者錯誤？
    (A) 可能為已執行完畢的風險資料庫或實獲值分析
    (B) 在專案執行期間，可能需要更新或新增 OPAs
    (C) 知識庫並不會隨著專案資訊而更新
    (D) 組織政策、流程、及程序並不會由專案團隊更新

11. 專案管理的五大流程群組（Process Groups），包括哪些項目？
    (A) 控制範疇、控制時程、控制成本、控制品質、控制風險
    (B) 規劃、風險管理、溝通管理、採購管理、結案
    (C) 投入、監控、執行、規劃、產出
    (D) 規劃、執行、結案、起始、監控

12. 五大流程群組包含起始、規劃、執行、監控、結案，其中哪一個流程包含的知識領域數量是最多的？
    (A) 起始流程群組　　　　　　　　　　(B) 規劃流程群組
    (C) 執行流程群組　　　　　　　　　　(D) 監控流程群組

13. 學習專案管理時，精熟五大流程群組與十大知識體系的關聯性及定義是很重要的，下列哪一個知識領域之下的管理內涵，跨越了五大流程群組（IPECC）都有？
(A) 專案範疇管理 　　　　　　　　 (B) 專案整合管理
(C) 專案成本管理 　　　　　　　　 (D) 專案時程管理

14. 專案管理五大流程群組和十大知識領域的交互作用，使得專案執行人員能夠更快速掌握應執行的項目和工作內容，有關於起始流程群組（Initiating Process Group）須執行的作業內容，不包括下列何者？
(A) 建立專案範疇說明書（Project Scope Statement）
(B) 識別專案利害關係人（Stakeholders）
(C) 指派專案經理（Project Manager）
(D) 建立專案章程（Project Charter）

15. 結案流程群組中，哪一項是專案結案時最後執行的工作項目？
(A) 確認專案產出符合專案範疇 　　 (B) 文件歸檔
(C) 人員歸建 　　　　　　　　　　 (D) 最終績效評估

16. 下列何項工作會比較後面才來進行？
(A) 發展專案管理計畫 　　　　　　 (B) 估計活動工期
(C) 執行定量風險分析 　　　　　　 (D) 發展團隊

17. 依據專案管理五大流程群組、十大知識領域及管理內涵架構對照表，在監控流程群組中，有三個管理內涵用的字眼是監督，而不是用控制。請問下列管理內涵的名稱中，有哪一個是錯誤的？
(A) 監督資源 　　　　　　　　　　 (B) 監督溝通
(C) 監督風險 　　　　　　　　　　 (D) 監督利害關係人參與

18. 公園改建新計畫專案進入結案階段，專案經理為了以終為始，希望將這次的經驗化為下次執行專案的養分，故請團隊成員進行專案回顧和經驗學習回饋分享（Lessons Learned），然而此時團隊成員麥克不願意參與分享，專案經理應該如何處裡？
(A) 跳過此過程直接完成結案
(B) 重新宣示 Lessons Learned 的意義
(C) 直接更換該成員
(D) 評估此狀況對於專案之衝擊和影響，在不影響成本及時程下，盡力做好溝通

19. 受到上級指派，下個月即將要成為專案經理的你非常興奮，於是你開始認真研究專案經理的角色的章節，有關專案經理應該具備的人才三角職能，以下何者為非？

(A) 技術面專案管理（Technical Project Management）

(B) 領導統御（Leadership）

(C) 策略及企業管理（Strategic and Business Management）

(D) 診斷與稽核（Diagnosis and Audit）

20. 專案經理的主要功能之一就是進行專案的整合，關於整合專案，以下描述何者錯誤？

(A) 整合的重點包括流程層面及認知層面

(B) 不需要針對背景層面進行整合

(C) 專案經理需要整合流程、知識與人員

(D) 專案經理需要和贊助者一起了解專案目標，才能達成共識

MEMO

第二篇

專案管理
五大流程群組、
十大知識領域

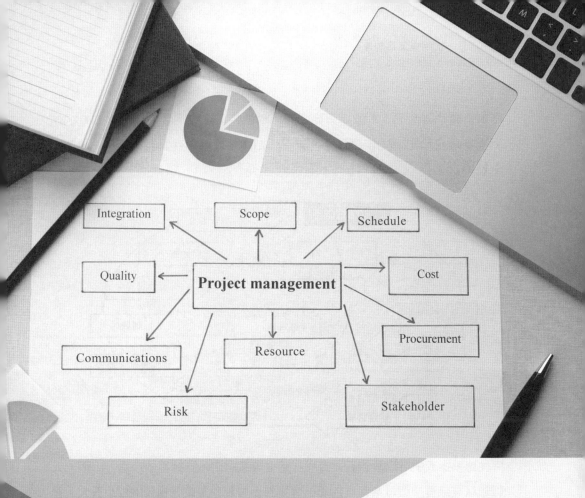

01

專案整合管理
Project Integration Management

本章開始將進行專案管理十大知識領域的說明，以下我們將專案管理的整合，也就是五大流程群組（IPECC）與十大知識領域用一張圖表來表示，以便一覽全貌：

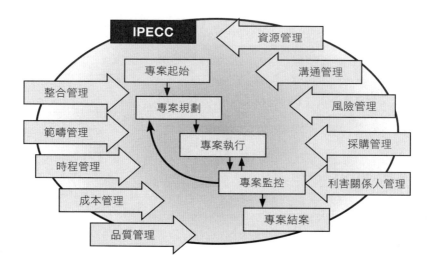

從這張圖表中可以看到五大流程群組從專案的開始到結案依序進行，而十大知識領域貫穿著整個專案管理內涵。專案整合管理也是唯一橫跨 IPECC 五大流程群組都有的專案管理知識領域（KA, Knowledge Area）。顧名思義，專案整合管理最主要目的是成功地將專案從起始、規劃、執行到交付專案工作結束為止，簡而言之，整合就是識別、定義、結合、統一及協調五大流程群組間的各項流程及專案管理活動。此外，值得一提的是，由標準專案管理架構來看，專案整合管理是母流程，帶領了其他九個子流程。

以下將說明專案整合管理中七個管理內涵主要涵括的內容，並會說明各個內涵的參考文件、工具技術及成果產出：

1.1　發展專案章程（Develop Project Charter）

1.2　發展專案管理計畫（Develop Project Management Plan）

1.3　指導與管理專案工作（Direct and Manage Project Work）

1.4 管理專案知識（Manage Project Knowledge）

1.5 監控專案工作（Monitor and Control Project Work）

1.6 執行整合變更控制（Perform Integrated Change Control）

1.7 結束專案或階段（Close Project or Phase）

流程群組 知識領域	起始 （I）	規劃 （P）	執行 （E）	監控 （C）	結案 （Closing）
1. 整合管理	1.1 發展專案章程	1.2 發展專案管理計畫	1.3 指導與管理專案工作 1.4 管理專案知識	1.5 監控專案工作 1.6 執行整合變更控制（ICC）	1.7 結束專案或階段

小試身手 1

請完成專案整合管理 -「管理內涵」的配合題：

1.1 發展專案章程	（　）	(A) 依據專案管理計畫，運用資源，完成專案工作
1.2 發展專案管理計畫	（　）	(B) 完成專案各階段工作，收集專案績效資料及完成專案交付物
1.3 指導與管理專案工作	（　）	(C) 由變更控制委員會（CCB）審查變更請求
1.4 管理專案知識	（　）	(D) 正式核准專案開始進行
1.5 監控專案工作	（　）	(E) 收集、傳遞與運用專案知識以達組織經驗學習的目的
1.6 整合變更控制（ICC）	（　）	(F) 將專案績效與計畫做比較
1.7 結束專案或階段	（　）	(G) 決定如何進行專案，找方法定程序，完成各項子計畫

1.1 發展專案章程（Develop Project Charter）

在專案的一開始，需要一個正式授權來發起一個專案或階段，並指派專案經理，給專案經理權力，有依據來使用資源，以便將企業需求文件化。專案章程通常由專案發起人或組織以外的贊助人來核准之，其適當的位階需要確保專案資金的提供。依據專案管理架構，起始流程群組，只有兩個管理內涵，除了 1.1 發展專案章程外，另一個是 10.1 識別利害關係人，可以一併記起來。

專案有兩種：

1. **內部專案**：如公司的產品研發專案，或展店專案，專案贊助人（也就是出資者）就是公司老闆。
2. **外部專案**：如委外軟體開發，專案贊助人就是業主或顧客。

這邊重新複習一下，前面所提過的企業環境因素（EEF）及組織流程資產（OPA），由於這兩個名詞在後續許多個管理內涵的投入會一直重複地出現，建議讀者需要清楚了解其所代表的意義，才能有效的融會貫通專案管理的本質：

1. 企業環境因素（EEF, Enterprise Environmental Factors）

(1) 政府或產業標準。

(2) 組織文化與結構。

(3) 市場狀況。

2. 組織流程資產（OPA, Organizational Process Assets）

(1) 組織標準流程、政策及標準流程定義。

(2) 範本（Templates）。

(3) 歷史資訊（Historical Information）及經驗學習（Lessons Learned）與知識庫（Knowledge Base）。

以下針對發展專案章程這個管理內涵有幾項重要的依據文件、工具與技術、及成果產出說明如下：

1. 企業個案（Business Case）

企業個案，就是可行性分析（Feasibility Study），尤其是經濟可行性分析，係以企業的觀點，提供所需資訊，以判定專案是否值得投資，有時可分成甲案、乙案、丙案等方案選擇，分別進行評估，故稱為企業個案。企業個案包括考量企業需求及成本效益分析（Cost-Benefit Analysis）。企業個案內容可包括：市場要求、組織需求、顧客請求、技術提升、法律需求、生態衝擊、及社會需求等。

2. 效益管理計畫（Benefits Management Plan）

說明專案效益被交付的方法與時間的文件、量測效益的機制，並要說明如何創造、極大化及保持專案的效益。包括：目標效益、策略校準、實現效益的時間、效益擁有人（負責人）、量測方法、假設、及風險等，簡單來說就是向投資人說明專案如何獲利或是投報率等，可以視為專案的「說帖」。

3. 協議（Agreements）

合約（Contracts），對外部顧客而言，屬於最典型之協議，將於本書專案採購管理再詳細介紹之。此外，也可包括合作備忘錄（MOU, Memorandums of Understanding）、服務水準協議（SLA, Service Level Agreements）、協議書（Letter of Agreements）、意向書（Letter of Intent）、口頭協議及電子郵件等。

4. 專家判斷（Expert Judgment）

專家判斷常出現在工具與技術中，專案需要識別哪一些人、單位或是專家，可以協助專案。專家可來自組織內部的其他單位或是外部顧問，也可能是重要的

利害關係人（Stakeholders）（包括顧客或贊助人）、專業及技術協會、產業團體或是主題專家（Subject Matter Experts），甚至是專案管理辦公室（PMO）。

5. 資料蒐集（Data Gathering）

資料的蒐集可以藉由人員的腦力激盪（Brainstorming）來獲得，也就是：多元思考，啟發意見。也可藉由焦點團體（Focus Group）及訪談（Interview）等方式來蒐集，會在 2.2 收集需求時再詳細介紹之。

6. 促進（Facilitation）

有效的成功決策、解決或得到結論，可由一位促進者（Facilitator）（引導師）來帶領。

7. 專案章程（Project Charter）

是本管理內涵最重要的產出，專案章程就是專案核准證或專案授權書，裡面包含專案目的或立案的理由、可量測的專案目標及其相關的成功準則、以及高階需求、假設與限制、高階專案描述及界限、全案風險、以及概要里程碑、核准的財務資源、主要的專案利害關係人清單、專案核准需求、指派的專案經理，及所被賦予的責任與權限等級、授權專案章程之贊助人（Sponsor）姓名及權限等。

專案章程，就是專案的尚方寶劍（令牌）。

專案章程有兩大特點：(1) 高階：就是公司組織的策略面與經營面需求，(2) 概略：因為這是專案的第一份文件，因此就保持在比較概略的形式，未來可以逐步精進完善（滾動式修正）。

8. 假設記錄單（Assumption Log）

假設記錄單主要記錄專案的假設與限制條件，在專案發起之前，高層次的策略與作業（營運）的假設及限制須在企業個案中識別，並彙整於專案章程中。低

層次的活動及任務的假設在專案執行中陸續被建立，如定義技術規格、估計、時程、及風險等。

專案章程（Project Charter）的參考範例如下所述：

1	專案名稱	新事業群進口咖啡行銷專案
2	專案緣由	公司成立新事業群 - 咖啡販售
3	專案目標	1. 提出企業品牌識別圖騰及標語別 2. 提升 2026 年 20% 營業額 註：專案目標要符合 SMART 法則
4	專案時程	2026 年 1 月至 2026 年 12 月
5	專案預算	新台幣 800 萬元
6	專案經理指派	企劃部彭經理
7	發起人核准	總經理室江特助

1.2 發展專案管理計畫（Develop Project Management Plan）

發展專案管理計畫，即定義、準備、協調所有規劃的組件（Plan Components），彙整成整合的「專案管理計畫」（Project Management Plan）。專案管理計畫要定義專案如何執行、監督和控制，及如何結案，也就是規劃未來流程「如何」做（詳下圖）。由於專案管理計畫是逐步精進規劃（Progressively Elaborated）的，所以要整合於 1.6 執行變更控制（ICC）中，持續更新、控制及核准。

How（如何）
找方法、訂程序

發展專案管理計畫的投入，包含從 1.1 節產出來的專案章程（Project Charter），通常前一個管理內涵的產出是後一個管理內涵當然的投入；再加上其他管理內涵的產出，整合至專案管理計畫。本管理內涵唯一的成果產出就是**專案管理計畫**，而

> **專案管理計畫＝子計畫＋基準**

其中**子計畫**，包括：

- 範疇管理計畫（2.1）
- 需求管理計畫（2.1）
- 時程管理計畫（3.1）
- 成本管理計畫（4.1）
- 品質管理計畫（5.1）

- 資源管理計畫（6.1）
- 溝通管理計畫（7.1）
- 風險管理計畫（8.1）
- 採購管理計畫（9.1）
- 利害關係人參與計畫（10.2）

基準（**Baseline**），有時稱為基線，要在事前先被建立好，用來當做被比較的對象，如 KPI（關鍵績效指標），專案的基準主要有三個：

1. 範疇基準（Scope Baseline）。
2. 時程基準（Schedule Baseline）。
3. 成本基準（Cost Baseline）。

　　規劃流程群組的產出，不屬於專案管理計畫者，稱為**專案文件**（**Project Documents**），例如里程碑清單（Milestone List）、資源行事曆（Resource Calendar）或是風險登錄表（Risk Register）等。

　　規劃流程群組的工作，也需要研擬下列相關的計畫文件：

1. 變更管理計畫（Change Management Plan）

　　說明變更請求（Change Request）如何被授權與執行。

2. 構型管理計畫（Configuration Management Plan）

　　維持專案交付物一致且可運作之資訊記錄與更新。

3. 績效量測基準（Performance Measurement Baseline）

　　整合的範疇 - 時程 - 成本基準（執行績效與計畫基準比較）。

4. 專案生命週期（Project Life Cycle）

　　分階段（Phase），則易於管理。

5. 開發方式（Development Approach）

　　說明專案交付物的開發方式，如瀑布式（Waterfall）、螺旋式（Spiral）、迭代式（Iterative）、敏捷式（Agile）或混合模型（Hybrid Model）。

6. 管理審查（Management Reviews）

　　由專案經理、相關的利害關係人或公司高層，審查是否達到預期的績效，或者需要預防與矯正行動。

1.3 指導與管理專案工作（Direct and Manage Project Work）

指導與管理專案工作，可以簡稱為「執行」，係引導與執行定義於專案管理計畫內的各項工作，及執行核准的變更，以達成專案目標。也就是「依據專案管理計畫，運用資源，完成專案工作」。內容包括提供、訓練及管理專案團隊成員，取得、管理及使用資源，包括原物料、工具、設備及建立及管理專案溝通管道（包括內部與外部），隨時管理利害關係人、賣方、供應商及風險回應活動，建立工作績效資料（Work Performance Data）及完成專案交付物（Deliverables）以達成專案目標，最後收集與記錄經驗學習等。

指導與管理專案工作中，比較重要的依據文件，說明如下：

1. 專案文件（Project Documents）

包括：經驗學習登錄表、變更記錄單、需求追蹤矩陣、里程碑清單、專案時程、專案溝通、風險登錄表、風險報告。

2. 核准的變更請求（Approved Change Requests）

本管理內涵要包括執行「核准的」變更請求，其中變更請求（Change Requests）可分為下列三大類：

(1) 預防行動（Preventive Actions）：（還沒發生且不希望發生）執行相關活動，確保專案未來的工作績效與專案管理計畫校準（Align）。

(2) 矯正行動（Corrective Actions）：（已經發生不希望未來再度發生）執行相關活動，將專案工作績效與專案管理計畫重新校準（Realign）。

(3) 缺點改正（Defect Repair）：（品質問題上的疵病修復）執行相關活動，改良（Modify）不良（Nonconforming）產品或零件。

接著我們說明本管理內涵重要的的工具與技術：**專案管理資訊系統（PMIS, Project Management Information System）**。這個系統包括排程（Scheduling）工具、工作授權系統（Work Authorization Systems）、構型（Configuration）管理系統、資訊收集與發布系統（Information Collection and Distribution System）或介面（Interface）連線至其他線上自動化系統，如公司的知識資料庫（Corporate Knowledge Base Repositories），亦包括關鍵績效指標（KPI, Key Performance Indicators）之自動蒐集與報告系統。

深度解析 ❸

1. 工作授權系統（**Work Authorization Systems**）
   定義為在正確的時間、地點，完成正確的工作。實際上在專案管理實務案例可包括：ERP（企業資源規劃）、PLM（Product Lifecycle Management）產品生命週期管理系統、PDM（Product Data Management）產品資料管理系統、工單（製令）（工令）系統、排班系統、電子簽核流程等。
2. 構型（形態）管理（**Configuration Management**）系統
   (1) 若是針對產品，就是記錄規格的演進歷程。
   (2) 若是針對文件、軟體，則是管理版次的修訂履歷。
   因此，構型管理也與變更管理密切相關。

經過以上的投入與工具的應用後，比較重要的產出成果說明如下：

1. 交付物（Deliverables）

就是「專案標的」，是產品、服務或結果的完成品。

2. 工作績效資料（WPD, Work Performance Data）

如同半成品，包括專案範疇、時程進度及已支用成本的資訊等。

3. 議題記錄單（Issue Log）

包括議題的形式、人員、描述、優先等級、負責人員、目標解決日期、現狀、及最後結論等。

1.4 管理專案知識（Manage Project Knowledge）

管理專案知識是運用現有知識並建立新知識，來達成專案目標及傳遞給組織的學習。本管理內涵旨在運用組織知識來產製或改進專案產出，且專案建立的知識可以被應用來支援組織的運作及未來的專案或階段。本管理內涵就是**專案知識管理（KM）**，要在全專案生命週期間實施，不是只有在結案時才做。

一般來說，知識可分為外顯的（Explicit），可用文字或圖片來表達的；及內隱（默示）的（Tacit），如信心、技術（Know-How）等比較不容易記錄及保存的。知識管理要管理上述二者，且要運用現有知識及創建新知識，重點要放在分享與整合專案團隊及利害關係人的技能、經驗及專業，也就是「**經驗傳承**」。

針對本管理內涵重要的依據文件、工具與技術、及成果產出說明如下：

1. 依據的專案文件（Project Documents）

經驗學習登錄表、資源分解結構（RBS）、專案團隊指派、商源評選準則、利害關係人登錄表。

2. 知識管理（KM, Knowledge Management）

將團隊成員連結一起建立新知識，分享隱性（Tacit）的知識，整合不同團隊成員間的知識，要依據專案的特性、創新的程度、專案的複雜度、團隊成員的相異性來選擇適當的專案知識管理工具。

3. 資訊管理（**Information Management**）

有效果地應用與分享資訊，如圖書館服務、資料蒐集、專案管理資訊系統（PMIS）等。

4. 人際與團隊技巧

是屬於軟技巧（Soft Skill），包括促進（Facilitation）、領導統御（Leadership）、政治認知（Political Awareness）、主動聆聽（Active Listening）及人際網絡（Networking）等。

5. 經驗學習登錄表（**Lessons Learned Register**）

是本管理內涵最主要的成果產出，因為知識管理就是經驗傳承，要記錄經驗學習的衝擊、建議、提案的行動，也可以記錄面臨的挑戰、問題、風險、機會等，可運用文字、影帶、圖片、錄音等形式記錄。經驗學習登錄表要在專案早期建立，故會在全專案生命週期間擔任多項管理內涵的投入及持續更新，至專案或階段最後，會轉移給作業的組織流程資產（OPA）。

1.5　監控專案工作（**Monitor and Control Project Work**）

監控專案工作最重要的就是監控其他 4 個流程群組（IPEC），也就是監控要在全專案生命週期中實施，詳下圖。監控的意思是將實際專案「績效」與專案管理「計畫」做比較，以維護資訊之正確性與及時性，並提供現況報告、進度量測及預測資訊。因此有效的監控須提供預測資訊以更新時程與成本資訊、識別及分析專案風險，並執行風險回應計畫，且能評估績效，並判定是否需要矯正或預防行動，確保監督經核准的變更請求，且提供專案進度及現況的報告給計畫管理（向上呈報）。

IPECC 是專案管理的五大程序組合，涵蓋啟動（Initiating）、規劃（Planning）、執行（Executing）、監控（Monitoring and Controlling）及結束（Closing），提供專案全生命週期的系統化框架。

針對本管理內涵重要的依據文件、工具與技術、及成果產出說明如下：

1. 監控專案工作是屬於「監控」流程群組

因此，依據文件包括：工作績效資訊（WPI）及專案管理計畫。

監控就是「績效」與「計畫」做比較。

2. 其他依據的專案文件（Project Documents）

包括：假設記錄單、議題記錄單、經驗學習登錄表、里程碑清單、時程預測、估計的基礎、成本預測、品質報告、風險登錄表、風險報告等。

3. 工具與技術的資料分析

(1) 備案分析（Alternatives Analysis）。

(2) 實獲值分析（EVA, Earned Value Analysis）。

(3) 成本效益分析（Cost-Benefit Analysis）。

(4) 根本原因分析（Root Cause Analysis）。

這些工具在本書的後續章節再詳細說明。

4. 變異分析（Variance Analysis）

　　監控就是用執行的成果（績效）與計畫的基準做比較（包括時程、成本、資源運用等），比較後就有可能發生差異（因為計畫趕不上變化），有差異，就要進行變異分析，重點請放在變異的「原因」及「程度大小」。

5. 趨勢分析（Trend Analysis）

　　依據專案過去績效，來預測未來績效，可提前預警及防範專案的問題（如時程延誤）。

註：由此可見，變異分析與趨勢分析是常見的監控與結案流程群組的工具與技術。

深度解析 ❹

變更請求（Change Request）：在本書 1.3 節有提到，變更請求包括預防行動（Preventive Action）、矯正行動（Corrective Action）及缺點改正（Defect Repair）等三項。變更請求產生後，要送去 1.6 執行整合變更控制（ICC）進行審查。在專案管理實務上，常見的案例包括：變更申請書（修簽單）、工程變更請求（ECR）（設計變更）（簡稱設變）、工程變更通知（ECN）、電子簽核系統等。若用最簡單且易懂的方式來形容變更請求，就是：「*改善提案*」、「*設變*」或是「*修約*」，這樣可以讓讀者更容易理解一些。

深度解析 ❺

請比較工作績效資料（WPD）、工作績效資訊（WPI）及工作績效報告（WPR）：

1. **工作績效資料（WPD）**是執行的產出，是原始資料（Raw Data），像是半成品，如範疇 - 狀態、時程 - 進度、成本 - 已支用成本。
2. **工作績效資訊（WPI）**是監控流程群組的產出，已和基準比較過，並經過整理、分析，是有用的資訊，可供決策使用。以專案成本來舉例，WPD 只有收集專案的花費資料，若能再與預算比較，則成有用的 WPI，並可運用 7.2 管理溝通來進行專案績效的傳遞。
3. **工作績效報告（WPR）**是 1.5 監控專案工作的產出，以專案工作績效資訊（WPI）為基礎，以實體或電子檔報告方式呈現，用以建立決策、行動，如專案現況報告、建議行動等。

1.6 執行整合變更控制（Perform Integrated Change Control）

整合變更控制（ICC）需要審查所有的變更請求（Change Requests）、核准變更及管理交付物、組織流程資產、專案文件及專案管理計畫等的變更，所以整合變更控制會貫穿專案的全程。由於計畫趕不上變化，因此變更控制流程是必要的，且很少有專案真的可以完全依照專案計畫在執行。所以專案管理計畫、專案範疇說明書（PSS, Project Scope Statement），及其他交付物必須仔細的維護及不斷的管理變更，且獲核准的變更要反映到已修正的基準（Baseline）上，包括範疇、時程及成本基準。

執行整合變更控制（ICC）的作法是透過變更控制委員會（CCB, Change Control Board）來核准或拒絕變更的申請，這個委員會的角色與責任須於變更控制系統（Change Control System）及構型管理系統（Configuration Management System）中律定之，並應獲得贊助人、顧客及其他利害關係人的同意。除此之外，贊助人也可提出變更請求，這些變更可能需要調整專案管理計畫、專案範疇說明書，或其他專案文件，故要適時更新之。

針對本管理內涵重要的依據文件、工具與技術、及成果產出說明如下：

1. 執行整合變更控制是屬於「監控」流程群組

因此依據文件包括：工作績效報告（WPR）及專案管理計畫。

監控就是「績效」與「計畫」做比較。

2. 變更控制工具（Change Control Tools）

識別構型項目、記錄及報告現況、執行構型項目、驗證與稽核（識別、記錄、決定、追蹤變更）。

3. 資料分析（Data Analysis）

備案分析（Alternatives Analysis）、成本效益分析（Cost-Benefit Analysis）。

4. 決策制定（Decision Making）

投票表決（Voting）、獨裁決策制定（Autocratic Decision Making）、多準則決策分析（Multicriteria Decision Analysis）。

5. 核准的變更請求（Approved Change Requests）

審查期間之過程資訊，如：變更請求審查、核准、拒絕或消除，要記錄於變更記錄單（Change Log）中。核准的變更請求要送去 1.3 指導與管理專案工作，納入修正專案管理計畫執行之。

6. 專案文件更新之變更記錄單（Change Log）

要記錄變更對專案範疇、時間、成本及風險的衝擊。變更記錄單是未來許多項管理內涵的投入。

7. ICC 各階層的權限

可分層說明如下：

- 贊助人：核准權
- 變更控制委員會（CCB）：審查權
- 專案經理（PM）：分析及提出權

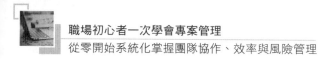

 小試身手 ②

身為專案經理，請排列執行整合變更控制（ICC）的正確次序：

(A) 提出變更請求，送交變更控制委員會審查

(B) 發生變更時要能察知

(C) 持續關心變更請求審查進度，直至核准

(D) 核准的變更請求要適時地通知利害關係人

(E) 影響會造成變更之因素，希望專案不要變更

(F) 唯有核准的變更可以納入執行

(G) 分析評估變更對專案的影響與衝擊

 ## 1.7 結束專案或階段（Close Project or Phase）

結案流程群組中唯一的一個管理內涵就是在這裡，要完成專案管理五大流程群組各項活動，以正式完成專案或階段。

結束專案時，專案經理要審查先前各階段的資訊，以確保專案已完成工作，且已達成專案目標。專案經理要審查及量測專案範疇，且要與專案管理計畫比較之。另應建立程序來調查及記錄在專案未能完成就終止（Terminated）（可稱為現況結案）時採取行動的理由。

將專案產出（產品、服務或結果）轉移至下一階段、生產或作業。收集結案紀錄，稽核專案的成功或失敗，歸檔經驗學習（Lessons Learned），彙整成組織流程資產（OPA），供未來專案參考。

小試身手 ③

請完成專案整合（Integration）管理 - 「產出」的配合題：

1.1 發展專案章程	（　　）	(A)	變更請求及工作績效報告（WPR）
1.2 發展專案管理計畫	（　　）	(B)	專案章程及假設紀錄單
1.3 指導與管理專案工作	（　　）	(C)	核准的變更請求、變更記錄單
1.4 管理專案知識	（　　）	(D)	最終產品、服務或結果轉移、OPA 更新、最終（結案）報告
1.5 監控專案工作	（　　）	(E)	專案管理計畫
1.6 整合變更控制（ICC）	（　　）	(F)	經驗學習登錄表
1.7 結束專案或階段	（　　）	(G)	交付物、工作績效資料（WPD）、及議題記錄單

小試身手解答

① D, G, A, E, F, C, B

② E, B, G, A, C, D, F

　　註：唯有「核准的」變更，才可以納入執行。

③ B, E, G, F, A, C, D

精華考題輕鬆掌握

1. 以下專案管理整合之管理內涵，何者屬於起始流程群組？
    (A) 發展專案管理計畫　　　　　　(B) 指導與管理專案工作
    (C) 管理專案知識　　　　　　　　(D) 發展專案章程

2. 有關發展專案章程之流程，以下何者錯誤？
    (A) 專案章程由專案經理核准　　　(B) 要將企業需求文件化
    (C) 於此流程指派專案經理　　　　(D) 給予專案經理權力來使用資源

3. 以下何者為發展專案章程之投入？
    (A) 專家判斷　　　　　　　　　　(B) 焦點團體
    (C) 協議　　　　　　　　　　　　(D) 人際與團隊技巧

4. 下列何者不屬於企業環境因素（EEF, Enterprise Environmental Factors）？
    (A) 政府所公告的相關法規　　　　(B) 組織本身的標準流程
    (C) 當前市場及景氣的狀況　　　　(D) 企業本身的文化

5. 有關發展專案章程中之投入，以下何者錯誤？
    (A) 企業個案包含企業需求、成本效益分析
    (B) 企業個案可運用可行性分析來呈現
    (C) 說明如何極大化專案效益之文件，稱為企業個案分析計畫
    (D) 效益管理計畫包含目標效益和風險等細節

6. 在發展專案章程的過程中，若出現窮盡本單位內部資源仍無法解決之問題，應借重哪一項工具與技術？
    (A) 專家判斷　　　　　　　　　　(B) 資料蒐集
    (C) 人際與團隊技巧　　　　　　　(D) 會議

7. 請問下列哪項管理內涵，對於專案而言等同於「執行」？
    (A) 管理專案知識　　　　　　　　(B) 指導與管理專案工作
    (C) 監控專案工作　　　　　　　　(D) 執行整合變更控制

8. 有關監控專案工作之描述，何者錯誤？
    (A) 監控只在專案某些部分實施，不會擴展到整個生命週期
    (B) 工作項目包含監督已經核准的變更請求（Approved Changes）
    (C) 會將實際的績效與專案管理計畫做比較
    (D) 評估專案執行的績效，並判斷是否需要採取降低風險的行動

9. 執行專案時，也應一併執行已核准的變更請求，變更請求包含三大類，以下何者為非？
   (A) 預防行動
   (B) 矯正行動
   (C) 變更行為
   (D) 缺點改正

10. 各個管理內涵分別在專案不同期間出現，適時扮演不同的角色使得專案得以順利進行，其中有些管理內涵在整個專案生命週期間實施，請問何者為非？
    (A) 發展專案管理計畫
    (B) 管理專案知識
    (C) 監控專案工作
    (D) 執行整合變更控制

11. 在專案管理內涵之中，何時視為一次專案的結束？
    (A) 產出交付物
    (B) 驗證交付物
    (C) 驗收交付物
    (D) 最終產品、服務或結果

12. 你是一名專案經理，在管理專案知識的過程中，以下何者不是你比較常使用的工具與技術？
    (A) 核准的變更請求
    (B) 專家判斷
    (C) 知識管理
    (D) 人際與團隊技巧

13. 你是一名專案經理，關於你在「執行」專案過程會用到的工具，以下何者錯誤？
    (A) 可透過專案管理資訊系統進行管理，包括關鍵績效指標之自動蒐集與報告系統
    (B) 分析比較專案績效，進行變異分析，並提出變更請求
    (C) 可透過專家判斷聚焦專案後續執行方向，解決一切問題
    (D) 可善用專案管理資訊系統之工作授權系統和構型管理系統

14. 有關專案工作績效相關元素，以下何者正確？
    (A) 工作績效資料（WPD, Work Performance Data）是原始的產物，因此可提供決策用途
    (B) 以成本為例，WPD 為專案花費的原始資料，工作績效資訊（WPI, Work Performance Information）則是加入和預算的比較及完成整理分析，可以提供決策用途
    (C) 工作績效資料就是專案標的
    (D) 交付物是半成品，仍需要持續進行才能成為 WPI

15. 一位專案經理在專案過程中，最後一件要完成的工作，是下列何者？
   (A) 完成專案結案報告及文件歸檔
   (B) 專案團隊人員歸建（回到原來隸屬部門）
   (C) 驗證專案的交付物符合專案範疇規範
   (D) 最終專案的績效審查與評估專案是否成功

16. 結束專案或階段，代表完成專案管理五大流程群組各項目，關於其描述何者錯誤？
   (A) 結案流程群組只有一個管理內涵，就是結束專案或階段
   (B) 收集結案紀錄，歸檔經驗學習（Lessons Learned），也會納入組織流程資產的更新
   (C) 結束專案時若能產出交付物，不須經專案經理審查便可提前達標
   (D) 須將專案的產出轉移至生產或作業階段

17. 關於指導與管理專案工作之內容，以下描述何者錯誤？
   (A) 引導與執行專案管理計畫內定義的各個項目，以達成專案目標
   (B) 運用資源完成專案工作，也包含執行核准的變更
   (C) 須管理利害關係人，收集與記錄過程中學習到的經驗
   (D) 完成過程執行即可，無須產出交付物

18. 專案中涉及構型管理與變更管理的流程辦法，應在哪個管理內涵訂定？
   (A) 執行整合變更控制 　　　　　　(B) 發展專案管理計畫
   (C) 監控專案工作 　　　　　　　　(D) 指導與管理專案工作

19. 下列何者不是發展專案章程時，必須要執行的項目？
   (A) 招募專案團隊 　　　　　　　　(B) 授權專案經理
   (C) 分析企業個案 　　　　　　　　(D) 考量企業環境因素

20. 下列哪兩個管理內涵是屬於「監控」流程群組？
   a. 發展專案管理計畫 　　 b. 結束專案或階段 　　 c. 執行整合變更控制
   d. 指導與管理專案執行 　　 e. 監控專案工作 　　 f. 管理專案知識
   (A) bf 　　　　　　(B) de 　　　　　　(C) ce 　　　　　　(D) ab

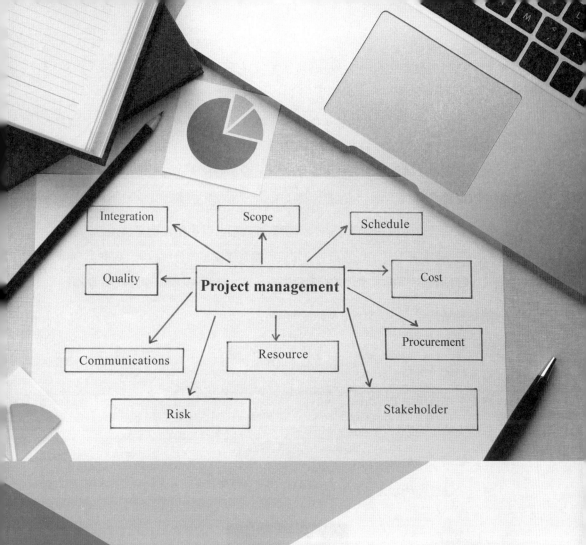

02

專案範疇管理
Project Scope
Management

專案範疇管理這個知識領域，係要確保專案所需執行的工作要完成，並清楚地定義與控制整個專案所涵蓋之範圍（何人、何事、何物），有哪些是專案必須完成的，而哪些是不在專案內的。專案團隊及利害關係人必須對要完成之產品及所需之流程有相同的了解，也就是定調。

專案範疇管理這個知識領域包含六個管理內涵。其中前四個屬於規劃流程群組，分別是規劃範疇管理、收集需求、定義範疇及建立工作分解結構（WBS）；而後兩個確認範疇與控制範疇則屬於監控流程群組。這六個管理內涵將依序說明如後：

2.1 規劃範疇管理（Plan Scope Management）

2.2 收集需求（Collect Requirements）

2.3 定義範疇（Define Scope）

2.4 建立工作分解結構（Create WBS）

2.5 確認範疇（Validate Scope）

2.6 控制範疇（Control Scope）

專案範疇管理的架構圖說明如下：

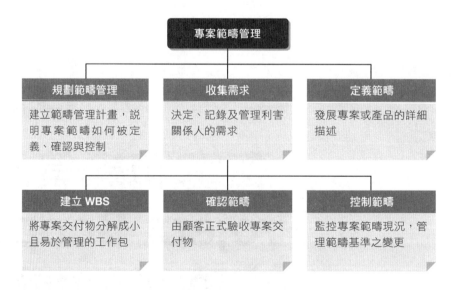

流程群組 知識領域	起始 （I）	規劃 （P）	執行 （E）	監控 （C）	結案 （Closing）
2. 範疇管理		2.1 規劃範疇 　　管理 2.2 收集需求 2.3 定義範疇 2.4 建立 WBS		2.5 確認範疇 2.6 控制範疇	

小試身手 1

請完成專案範疇（Scope）管理 -「管理內涵」的配合題：

2.1 規劃範疇管理	（　）	(A) 發展專案或產品的詳細描述
2.2 收集需求	（　）	(B) 由顧客正式驗收專案交付物
2.3 定義範疇	（　）	(C) 將專案交付物，分解成小且易於管理的工作包
2.4 建立工作分解結構（WBS）	（　）	(D) 建立範疇管理計畫，說明範疇如何被定義、確認與控制
2.5 確認範疇	（　）	(E) 監控專案範疇現況，管理範疇基準之變更
2.6 控制範疇	（　）	(F) 決定、記錄及管理利害關係人的需求

2.1 規劃範疇管理（Plan Scope Management）

本管理內涵要建立專案範疇管理計畫，說明專案範疇如何被定義、確認與控制，亦即在規劃未來幾個管理內涵，要如何進行。可以參考專案章程、最新核定的專案管理計畫之各項子計畫、歷史資訊、組織流程資產（OPA）及企業環境因素（EEF）來擬定。

針對本管理內涵重要的依據文件、工具與技術、及成果產出說明如下：

1. 專案章程（Project Charter）

於發展專案章程時建立，其內容與目的包括下列四項：

(1) 正式認可專案存在的文件。

(2) 與企業需求密切相關，也就是符合公司策略目標。

(3) 描述專案需交付的產品。

(4) 給專案經理權限來運用資源。

2. 備案分析（Alternatives Analysis）

尋找各種可能執行專案的方法，如收集各種建立、確認、控制專案產品或範疇的資料，並評估其優劣特性（也就是替代方案分析）。

3. 範疇管理計畫（Scope Management Plan）

描述範疇如何定義、發展、監控及驗證。內容包括：專案範疇說明書的準備、建立工作分解結構（WBS）的方法、範疇基準的核准與維護、完整專案交付物（Deliverables）的正式驗收（Formal Acceptance）、專案範疇說明書變更請求的程序。

4. 需求管理計畫（**Requirements Management Plan**）

記錄需求如何被分析、文件化及管理。通常階段至階段關係（Phase-to-Phase Relationship）將會影響需求管理，專案經理要選擇對專案最有效率的關係，並將此方法於需求管理計畫中記錄之。本計畫內容包括：

(1) 需求活動如何被計畫、追蹤及報告。

(2) 構型管理活動（變更之啟動、衝擊分析、追蹤及核准）。

(3) 需求優先次序化流程（Requirements Prioritization Process）。

(4) 產品度量（Product Metrics）。

(5) 可追蹤結構（Traceability Structure）。

2.2 收集需求（Collect Requirements）

收集需求主要用來判別、記錄及管理利害關係人之需求，以達成專案目標。而這對專案成功與否，與管理專案及產品需求之好壞，有直接的影響。這邊所指的需求包括將贊助人、顧客及其他利害關係人之需求與期望量化，並記錄之。需求可做為未來工作分解結構（WBS）、時程、成本、品質等規劃的基礎。

這邊介紹幾項收集需求所應用到的工具與技術，請了解每一個工具的要義：

1. 專家判斷（**Expert Judgment**）

可請專家進行企業需求分析、類似專案的解析及圖表技術等。

2. 資料蒐集（Data Gathering）

(1) 腦力激盪（Brainstorming）：發揮想像力，產生想法。

(2) 訪談（Interview）：請教有經驗的前輩。

(3) 焦點團體（Focus Group）：邀請一群專家進行話題鎖定的討論。

(4) 問卷調查法（Questionnaires and Surveys）：藉由設計問卷，大量發送由回應者填寫，加以統計分析，快速獲得所需資訊。

(5) 標竿法（Benchmarking）：就是「**向模範學習**」，與其他專案比較，以識別最佳實務、產生改善想法及提供績效衡量的基礎。

3. 資料分析（Data Analysis）

文件分析（Document Analysis），包括協議、營運計畫、企業流程或介面、企業規則資料庫、市場文獻、議題記錄單、政策與程序、及提案邀請書（RFP）等。

4. 決策制定（Decision Making）

(1) 投票表決（Voting），可包括：

- 一致同意（Unanimity）
- 獨裁（Dictatorship）
- 多數決（Majority）：超過 50%（絕對多數）
- 複數決（Plurality）：最高票（相對多數）

(2) 多準則決策分析（Multicriteria Decision Analysis）：同時有兩個以上目標和參數需要考量，則需要用矩陣表單來進行系統分析，例如買房子同時會考量交通便利性、售價、生活機能、公共設施比例、購屋優惠、當地政府補助等因子，這時就需要進行評估和排序，才能找到適合自己的最佳解。

5. 資料展現（Data Representation）

(1) **關係圖（Affinity Diagrams）**：將大量的意見分類成不同的群組，進行審查與分析。又名「親和圖」。

(2) **心智圖（Mind Mapping）**：又稱「思維導圖」，由腦力激盪法產生意見，整合至單一圖形上，且可一直衍生，產生創意。如本章專案範疇管理的六大管理內涵，也可以運用心智圖來表示，如下圖所示：

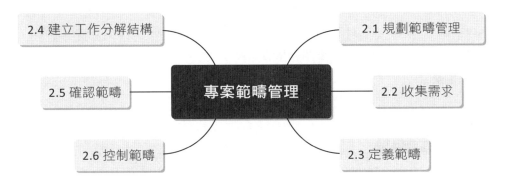

6. 人際與團隊技巧（Interpersonal and Team Skill）

(1) **名義團體法（Nominal Group Technique）**：也就是腦力激盪＋投票表決，於腦力激盪下，增加投票流程，並將意見排序。

(2) **觀察／交談（Observation/Conversation）**：在工作環境下，觀察工作或執行相關流程的狀況。特別適用於：使用該產品有困難或不願意表達需求時。又稱工作影子（Job Shadowing），可由外部觀察者審查被觀察者工作之績效。

(3) **促進（Facilitation）**：可運用「**促進研討會（Facilitated Workshop）**」，是一種「**聯合審查**」，跨部門（Cross-Functional）邀集利害關係人，快速解決問題。如聯合應用開發（JAD）、品質機能展開（QFD）等。

7. 系統關聯圖（Context Diagram）

是範疇模型（Scope Model）的例子，藉由營運系統的投入（Input）、流程（Process）及產出（Output）（稱為流程 IPO 模式），來描繪產品範疇。

8. 原型（Prototypes），也可稱為雛型

於真正製作前，藉由工作模型獲得早期之需求回饋（Feedback），這是一種持續精進流程之反覆循環（Iterative Cycle），透過全尺寸模型建立（Mock-up Creation）、實驗、建立回饋及原型修正，獲得足夠資訊後，才正式到製造階段。如最近發展的 3D 列印、汽車的原型概念車、及飛機研發進行風洞試驗等都是原型的案例。

深度解析 ❶

德爾菲法（Delphi Technique）
1. 德爾菲法是使專家間達成共識的方法，參與的專家要以匿名方式進行。
2. 促進者（引導者）發問卷徵求專家對專案相關議題的想法。
3. 回覆結果會重新發給專家傳閱，這流程經過多輪後，便可達共識。
4. 目的：降低專家的偏見，且避免讓任何人對結果有不當的影響力。

本管理內涵的成果產出，包含：

1. 需求文件（Requirements Documentation）

描述個別需求如何達成企業需求。在變成基準（Baseline）之前，需求要明確、可量測、可追蹤（Traceable）、完整一致，並要獲得利害關係人接受（Acceptable）。內容包括：

(1) 企業需求。

(2) 企業及專案目標及可追蹤性。

(3) 功能需求（產品資訊與企業流程）。

(4) 非功能需求（服務等級、安全）。

(5) 品質需求與驗收標準。

(6) 對組織其他領域或對其他組織之衝擊。

(7) 支援與訓練需求。

(8) 需求之假設與限制。

(9) 需求優先次序化流程。

2. 需求追蹤矩陣（Requirements Traceability Matrix）

是一種表格（Table）的形式，連接原始需求，並於專案生命週期中追蹤需求的變更。要確認每一項需求有企業加值（Add Business Value），故要與企業及專案目標連結。本矩陣也提供管理產品範疇變更的結構。包括下列需求：

(1) 企業需求、機會及目標。

(2) 專案目標。

(3) 專案範疇 / 工作分解結構（WBS）。

(4) 交付物（Deliverables）。

(5) 產品設計與開發。

(6) 測試策略（Test Strategy）及測試場景（Scenarios）。

 小試身手 ②

請完成收集需求 -「工具與技術」的配合題：

訪談 （Interviews）	（　）	(A) 找跨功能（部門）的一起開會（聯合審查），以求加快達成共識的速度
焦點團體 （Focus Group）	（　）	(B) 將大量的意見分類成群組（Sorted into Groups），進行審查與分析
促進研討會 （Facilitated Workshops）	（　）	(C) 找專家，將其隔開，採用匿名方式，發問卷，經過多輪，達成共識，目的在消除偏見。又稱專家隔離偵訊（徵詢）法
名義團體法 （Nominal Group Technique）	（　）	(D) 是範疇模型（Scope Model）的案例，藉由營運系統的投入、流程及產出（IPO），來描繪產品範疇
關係圖 （Affinity Diagrams）	（　）	(E) 找有經驗的專家詢問，通常是 1 對 1 的方式
德爾菲法 （The Delphi Technique）	（　）	(F) 向模範的相關專案學習，包括組織內、組織外同業及異業等
決策制定 - 投票表決 （Decision-Making）-Voting	（　）	(G) 藉由工作模型（Working Model）的實驗，獲得早期之需求回饋（Feedback），再進行修正確定後，才正式進入製造階段
標竿法 （Benchmarking）	（　）	(H) 找一群專家來討論，其主題是事先定義且受限定的內容
系統關聯圖 （Context Diagrams）	（　）	(I) 腦力激盪加上投票表決
原型（雛型） （Prototype）	（　）	(J) 包括：一致同意（Unanimity）、多數決（Majority）、複數決（Plurality）、獨裁（Dictatorship）

2.3 定義範疇（Define Scope）

定義範疇主要在發展專案交付物及產品詳細的描述，產生的專案範疇說明書主要描述專案的交付物、假設條件、及限制條件的內容。

■ **假設（Assumptions）**：將不確定的事，當作真的會發生，或真的不會發生，通常是表達理想狀況。

■ **限制（Constraints）**：主要是資源的限制，如人員、機器設備、材料、時間。

針對本管理內涵重要的依據文件、工具與技術、及成果產出說明如下：

1. 產品分析（Product Analysis）

包括產品分解（Product Breakdown）、系統工程（System Engineering）及價值工程（Value Engineering）及價值分析等。

2. 專案範疇說明書（PSS, Project Scope Statement）

是本內涵最重要的產出，主要是描述專案交付物及產生這些專案交付物須執行的工作，也提供利害關係人對專案範疇有共同的了解。它能夠協助專案團隊做更詳盡的規劃、指導專案團隊執行工作、並且提供變更申請時，用來衡量該變更請求是否超過專案範疇之基準。常見的內容可包括：產品範疇描述、專案交付物、專案假設、專案限制、專案排除物、專案驗收準則等。

深度解析 ❷

專案範疇說明書（PSS），具體的實務案例可以列舉如下：
如：需求說明書、服務建議書、合約、邀請提案書（RFP, Request for Proposal）、工作說明書（SOW, Statement of Work）、**規格書（SPEC, Specification）**、行程建議書、產品型錄、DM（Direct Mail）等。最後，用最的簡單的話來說，範疇就是「**規格**」。

2.4 建立工作分解結構（Create Work Breakdown Structure）

讓我們思考下列問題：請問下列何者稱為專案？ (A) 一個人做一件事 (B) 一個人做許多事 (C) 許多人做一件事 (D) 許多人做許多事

很明顯，答案是 (C) 許多人做一件事。因此，一群螞蟻要把一隻死掉的蚱蜢搬回螞蟻窩，這也可以視為專案，請問螞蟻怎麼做？當然是運用團隊的力量，把蚱蜢支解後才逐一的搬回，而支解這個動作就是建立工作分解結構（WBS, Work Breakdown Structure），大家可以想一想，連螞蟻都知道如何執行專案，更何況我們是最高等智慧的人類，而且受過專業的專案管理訓練。

工作分解結構（WBS）是以「交付物」為導向（Deliverable-Oriented），將專案分解成更小且易於管理的組件（Components），每個組件代表一個獨立的工作單位，稱為工作包（Work Packages），可以做為估計工期、估計成本、指派人力、整組外包及監督與控制的基礎，這也是工作分解結構的目的。

工作分解結構可以運用科層式架構（Hierarchical Structure），如我們熟知生物學的分類：界門綱目科屬種，可以是垂直樹、水平樹或是與時程或成本結合形式。工作包是專案運作的核心，可做為專案經理規劃與監控範疇、時程、成本、品質、資源的工具。工作包的內容，可包括：

- 專案名稱
- 工作項目名稱及其負責人
- 工作範疇及交付物內容
- 時程與圖表
- 資源與成本
- 前一工作事項描述
- 接續工作事項描述
- 風險等級與注意事項

例如：旅遊展策展專案的工作分解結構（WBS），如下圖：

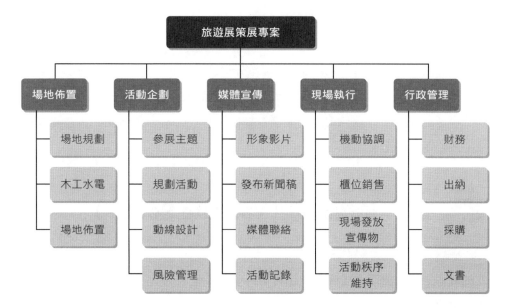

針對本管理內涵重要的依據文件、工具與技術、及成果產出說明如下：

1. 分解（Decomposition）

將交付物分解至更小且易於管理的元件，直到工作包階層（可估計工期、估計成本、指派人力或整組外包才停）。其基本流程是：建構及組織、由上至下分解變詳細，且需要編排識別碼給每一元件，最後再驗證分解之程度是否必要且充分。

2. 範疇基準（Scope Baseline）

包括下列 3 項：

(1) **專案範疇說明書（PSS）**：就是規格書。

(2) **工作分解結構（WBS）**：將專案交付物分解成更小、更易於管理的元件。

(3) **工作分解結構字典（WBS Dictionary）**：它不是真的字典，而是「辭彙表」，是工作分解結構的補充資料，包括：帳號識別碼、工作描述、負責組

織、時程里程碑清單及相關時程活動、需要資源及成本估計、品質需求及驗收準則、技術參考資料及合約資訊等。

(4) 工作包（**Work Package**）：工作分解結構的最底層元件。

(5) 規劃包（**Planning Package**）：工作分解結構的上一層，有時無法分解到工作包時，如工作時程資訊不足時，可分解到比較粗略的規劃包形式。最後，再補充一下，規劃包的上一層稱為控制帳戶（**Control Account**），是專案績效的管控單元。

2.5 確認範疇（Validate Scope）

確認範疇是取得利害關係人（顧客或贊助人）對已完成的專案交付物，做正式的驗收過程，所以本管理內涵也可稱為「**顧客驗收**」。如果專案提前終止，也需要執行專案確認範疇及將專案進度文件化。有一件事必須先釐清，也就是確認範疇（Validate Scope）和品質管制（Quality Control）是不一樣的。控制品質（品質管制）最主要是由品管單位確認交付物的正確性及符合品質要求，而確認範疇最主要則是由顧客或贊助人確認交付物的驗收。

針對本管理內涵重要的依據文件、工具與技術、及成果產出說明如下：

1. 檢驗（Inspection）

審查（Review）、稽核（Audits）、及現地勘查（Walkthroughs）等，都可視為同義字。運用測量、檢查，及驗證專案交付物及工作是否達到當初所擬定驗收標準的要求。

2. 驗收的交付物（Accepted Deliverables）

交付物符合驗收標準時，由顧客或贊助人正式簽署與核准。確認利害關係人驗收專案交付物後，會收到顧客或贊助人的正式文件，將送交至 1.7 結束專案或階段流程。

2.6 控制範疇（Control Scope）

　　控制範疇係監控專案及產品範疇現況，及管理範疇基準的變更，簡而言之，控制就是：「**監控現況、管理變更**」。控制專案範疇要確保所有的變更請求和建議的矯正行動皆透過 1.6 專案整合變更控制（ICC）來處理，而無法控制的範疇變更通常視為專案「**範疇潛變（Scope Creep）**」，也可稱為範疇蔓延或範疇膨脹。範疇潛變是專案經理不喜歡的情況，標準的作法要「**結束現有合約，另起新合約**」。

　　針對本管理內涵重要的依據文件、工具與技術、及成果產出說明如下：

1. 變異分析（Variance Analysis）

　　是一種運用專案績效量測，來評估原始範疇基準變異的大小。專案範疇控制之重點包括測量專案範疇基準產生變異的原因及程度大小，及決定是否需要矯正或預防行動。因為控制就是：績效與計畫做比較，所以，控制 OO 流程最常用到的工具技術就是變異分析（VA）。

2. 趨勢分析（Trend Analysis）

　　藉由趨勢分析提前預警，是否需要預防或矯正行動。

　　各知識領域的最後一節通常是「**控制 OO**」，是屬於監控流程群組，筆者觀察到它們的產出有著「共同的特色」，可稱為「**標準監控流程群組的產出**」包括：

(1) **工作績效資訊（WPI, Work Performance Information）**：專案範疇執行情形與範疇基準的關聯，包括變更處理、範疇差異、原因、對時程及成本之衝擊、未來範疇績效等。

(2) **變更請求（Change Requests）**：包括預防行動、矯正行動及缺點改正等。

(3) **專案管理計畫更新**：績效量測基準、範疇管理計畫、範疇基準、時程基準、成本基準。

(4) **專案文件更新**：經驗學習登錄表、需求文件、需求追蹤矩陣。

深度解析 ❸

1. 完成 2.4 建立工作分解結構後，是否就是進行 2.5 確認範疇？若不是，那建立工作分解後，要進行什麼？

   答：不是，建立工作分解結構完成後，要進入第 3 章專案時程規劃。

2. 完成 2.5 確認範疇後，是否就是進行 2.6 控制範疇？若不是，那確認範疇後，要進行什麼？

   答：不是，確認範疇後，就是完成顧客驗收了，要進行 1.7 結束專案或階段。而 2.6 是典型的專案監控流程，是全專案生命週期都要持續實施的。

3. 確認範疇與控制品質（品質管制）（QC），何者要優先執行，為什麼？

   答：控制品質，因為品管就是廠內檢驗，完成後才到確認範疇，由顧客或贊助人正式驗收。

上述說明，可整理成下列的方塊圖 - 交付物的旅行：

[內涵名稱]　　　　　　　　　　　　[產出：交付物的旅行]

1.3 指導與管理專案執行

交付物（Deliverables）
工作績效資料（WPD, Work Performance Data）

5.3 控制品質（品管）廠內檢驗

驗證的交付物（Verified Deliverables）

2.5 確認範疇 - 顧客驗收

驗收的交付物（Accepted Deliverables）

1.7 結束專案或階段

最終產品、服務或結果轉移
（Final Product, Service, or Result Transition）

 **小試身手** ③

請完成專案範疇（Scope）管理 -「工具與技術」的配合題：

2.1 規劃範疇管理	（ ）	(A) 焦點團體、德爾菲法、團隊決策技術
2.2 收集需求	（ ）	(B) 變異分析（Variance Analysis）
2.3 定義範疇	（ ）	(C) 分解（Decomposition）
2.4 建立工作分解結構（WBS）	（ ）	(D) 檢驗（Inspection）
2.5 確認範疇	（ ）	(E) 產品分析、備案建立
2.6 控制範疇	（ ）	(F) 會議

小試身手 ④

請完成專案範疇（Scope）管理 -「成果產出」的配合題：

2.1 規劃範疇管理	（ ）	(A) 範疇基準（Scope Baseline）
2.2 收集需求	（ ）	(B) 專案範疇說明書（Project Scope Statement）
2.3 定義範疇	（ ）	(C) 範疇管理計畫、需求管理計畫
2.4 建立工作分解結構（WBS）	（ ）	(D) 驗收的交付物（Accepted Deliverable）
2.5 確認範疇	（ ）	(E) 工作績效資訊（WPI）、變更請求、文件更新（PMP、專案文件、OPA）
2.6 控制範疇	（ ）	(F) 需求文件、需求追蹤矩陣

小試身手解答

1 D, F, A, C, B, E

2 E, H, A, I, B, C, J, F, D, G

3 F, A, E, C, D, B

4 C, F, B, A, D, E

1. 以下關於工作分解結構（WBS, Work Breakdown Structure）的描述，何者錯誤？
    (A) WBS 是一種科層化組織架構
    (B) 一個專案（Project）一般而言可以分解成任務（Task）、次任務（Subtask）及工作包（Work Package）
    (C) WBS 並非以交付物為導向訂定
    (D) 專案經理可將 WBS 用來評估成本和時程，是重要的工具

2. 工作分解結構分層中，何者為最底層的元素？
    (A) 控制帳戶（Control Account）　　　(B) 規劃包（Planning Package）
    (C) 工作包（Work Package）　　　　　(D) 總計畫（Total Program）

3. 關於建立工作分解結構（Create WBS）使用之分解（Decomposition）技術，以下何者錯誤？
    (A) 須先鑑別和交付物相關的工作
    (B) 分解至規劃包（Planning Package）即可停止
    (C) 通常分解至工作包時，須與「規劃時程管理」同步進行
    (D) 通常分解至工作包時，須與「規劃成本管理」同步進行

4. 關於專案範疇管理（Project Scope Management）的流程順序，以下何者正確？
    a. 控制範疇　　b. 確認範疇　　c. 建立工作分解結構　　d. 規劃範疇管理
    e. 定義範疇　　f. 收集需求
    (A) dfecba　　　　(B) abcdef　　　　(C) decfba　　　　(D) acdebf

5. 關於專案範疇管理的描述，以下何者錯誤？
    (A) 範疇管理目的在於執行預測，即使超越範疇的任務也要能概括執行
    (B) 範疇管理的目的，在於確保必要的工作能被完成
    (C) 此管理內涵重點在定義並控管專案必須和不須完成的工作項目
    (D) 藉由此管理內涵，能夠讓專案團隊和利害關係人對於須完成的產品（或工作）有一致共識

6. 關於規劃範疇管理的投入項目，不包括以下何者？
    (A) 專案章程　　　(B) 專案管理計畫　　(C) 需求文件　　(D) 企業環境因素

7. 有關規劃範疇管理的工具技術與產出，以下描述何者錯誤？

(A) 資料分析（Data Analysis）是重要的工具，用來研擬各種可能執行的替代方案

(B) 可使用的工具與技術，包含專家判斷、會議、分解和檢驗

(C) 範疇管理計畫（Scope Management Plan）是規劃範疇管理內涵的產出

(D) 需求管理計畫（Requirements Management Plan）是規劃範疇管理內涵的產出

8. 關於規劃範疇管理的產出，以下描述何者錯誤？

(A) 此管理內涵產出兩個子計畫

(B) 範疇管理計畫內，必須建立專案範疇說明書變更請求的程序

(C) 需求管理計畫內，必須記錄需求管理計畫如何被分析和管理

(D) 需求管理計畫描述範疇如何定義和驗證

9. 有關於收集需求（Collect Requirements）使用之工具與技術，以下描述何者錯誤？

(A) 可先製作出一個雛型，以利專案團隊及利害關係人了解執行方向，便於討論

(B) 可使用系統關聯圖提出 IPO 促進討論，IPO 即為收入（Income）、人群（People）和營運（Operation）

(C) 資料蒐集可利用的手段很多元，例如訪談、問卷調查以及焦點團體（Focus Group）座談等

(D) 資料蒐集方法中的標竿法（Benchmarking），會和各個專案（或組織）做比較，向評比中認為最適合的方案學習

10. 以下何者並非收集需求（Collect Requirements）中常用的工具與技術？

(A) 資料蒐集　　　　　　　　　(B) 人際技巧與團體技巧

(C) 決策制定　　　　　　　　　(D) 變異分析

11. 以下關於收集需求（Collect Requirements）中運用的「人際技巧與團體技巧（Interpersonal and Team Skill）」與「德爾菲法（Delphi Technique）」，以下描述何者錯誤？

(A) 提名團隊（名義團體）法執行方式（Nominal Group Technique）是提名一群專家學者，針對特定議題進行腦力激盪並加入投票機制，將意見依據重要性排序

(B) 若利害關係人不願意表達需求，則建議使用促進工作坊（Facilitation Workshop）快速解決問題

(C) 德爾菲法在運作時，專家學者以匿名方式達成共識

(D) 德爾菲法的目的在於，透過多輪發放問卷及傳閱結果的方式，達成共識降低歧見（Bias）

12. 關於專案流程順序的描述，以下何者錯誤？

(A) 完成「建立工作分解結構」之後，接著就要執行「確認範疇」讓業主驗收交付物

(B) 完成「確認範疇」之後可能會接著執行「控制範疇」

(C) 完成「確認範疇」之後可能會接著「結束專案階段」

(D)「控制品質」會先於「確認範疇」執行

13. 你是一位專案經理，在執行專案期間利害關係人如果想要進行範疇基準的變更，關於在控制範疇（Control Scope）你可能會面臨的課題，以下何者為非？

(A) 須處理專案範疇潛變（Scope Creep）

(B) 你必須同時監控產品範疇現況，及管理範疇基準之變更

(C) 變更發生時，專案經理須確保能透過「整合變更控制」處理專案變更請求

(D) 須針對交付物是否達到標準進行檢驗

14. 你擔任建設公司一個政府都市更新專案的專案經理，在執行專案範疇管理，收集需求（Collect Requirements）時，你必須收集以下哪個對象的需求？

(A) 同意建設案之住戶　　　　　　　　(B) 政府

(C) 拒絕拆遷戶　　　　　　　　　　　(D) 以上皆是

15. 有關於收集需求之產出，以下描述何者錯誤？

(A) 需求追蹤矩陣包含更高階層對於專案的需求，著重在需求因此不需要和專案目標連結

(B) 包含需求文件和需求追蹤矩陣兩者

(C) 專案需求矩陣可以是一種表格，用來追蹤專案在各個生命週期的需求

(D) 需求文件中必須考量特定需求的假設與限制

16. 有關於定義範疇之描述，以下何者錯誤？

(A) 專案範疇說明書之內容包含主要交付物、假設條件和限制條件

(B) 所需使用的工具與技術包含了產品分析

(C) 專案範疇說明書主要在描述專案交付物，和要達成交付物目標所需執行的工作

(D) 專案範疇說明書包含工期估計、成本估計、人力指派等部分

17. 有關於建立工作分解結構之產出，以下描述何者錯誤？

(A) 包含範疇基準及專案文件更新兩部分

(B) 範疇基準僅包含一個部分就是「工作分解結構字典」，故大部份資源將投注在編纂此本字典中

(C) 工作分解結構字典可包含負責組織、合約資訊、資源及成本估計等內容

(D) 專案文件更新包含假設紀錄單和需求文件

18. 「業主或贊助者正式驗收專案交付物的過程」，描述形容的是哪個專案管理內涵？

(A) 確認範疇（Validate Scope）　　　(B) 定義範疇（Define Scope）

(C) 控制品質（Control Quality）　　　(D) 管理品質（Manage Quality）

19. 關於控制範疇的產出，以下何者為非？

(A) 工作績效資訊　　　　　　　　　　(B) 變異分析

(C) 專案文件更新　　　　　　　　　　(D) 變更請求

20. 如果你參與員工旅遊規劃專案，拆分完的工作分解結構包含「行政管理」、「交通規劃」、「節目規劃」、「餐飲規劃」四個項目，你負責其中的「交通規劃」，包含「交通工具選擇」和「路線安排」兩個工作項目。以下說明何者正確？

(A) 員工旅遊規劃專案屬於規劃包　　　(B) 交通工具選擇屬於控制帳戶

(C) 路線安排屬於控制帳戶　　　　　　(D) 交通規劃屬於規劃包

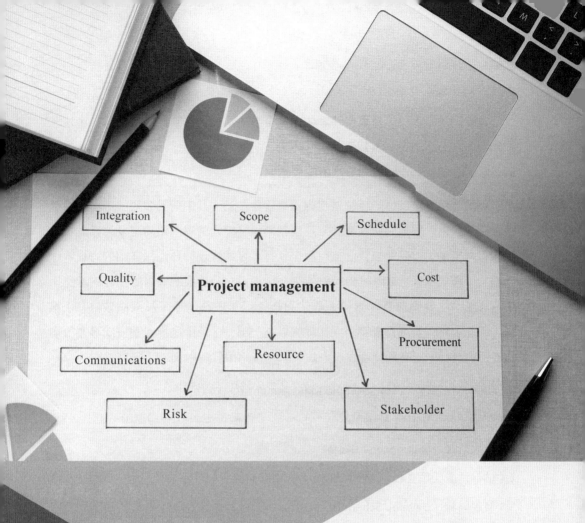

03

專案時程管理
Project Schedule Management

本章節時程管理，是專案管理中非常重要的章節，在章節開始之前，請注意你能控制的是『時程（Schedule）』，不是『時間（Time）』！時程管理也反映了專案經理需要更緊湊的管理專案的時程進度。

專案時程管理這個知識領域包含六個管理內涵，其中前五個屬於規劃流程群組，只有最後一個控制時程屬於監控流程群組。時程管理內涵的主要目標是按時完成專案工作，以確保依據計畫時程來執行。專案經理需要建立詳細的時程管理計畫，以描述專案／團隊將如何與何時交付項目，及專案範疇內所定義的產品、服務和結果。專案時程（進度）表也可以運用來做為溝通工具與績效評估／報告。因此，時程管理乃專案十大知識領域之一部分，係確保能如期完成專案所需之工作與活動的所有管理程序及方法；它包含六個管理內涵：

3.1 規劃時程管理（Plan Schedule Management）

3.2 定義活動（Define Activities）

3.3 排序活動（Sequence Activities）

3.4 估計活動工期（Estimate Activity Durations）

3.5 發展時程（Develop Schedule）

3.6 控制時程（Control Schedule）

流程群組 知識領域	起始 （I）	規劃 （P）	執行 （E）	監控 （C）	結案 （Closing）
3. 時程管理		3.1 規劃時程管理 3.2 定義活動 3.3 順序活動 3.4 估計活動工期 3.5 發展時程		3.6 控制時程	

專案時程管理的架構圖說明如下：

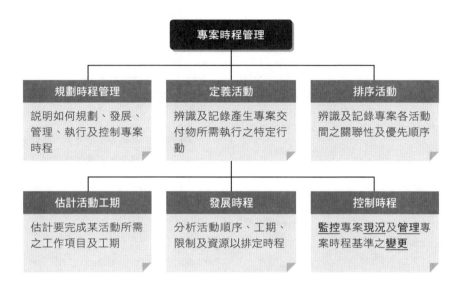

 ## 3.1 規劃時程管理（Plan Schedule Management）

本管理內涵要建立政策、程序及文件，來說明如何規劃、發展、管理、執行及控制專案時程，也就是規劃「未來流程」，「如何」做。

> 規劃是 How（如何）的問題，也就是：找方法，訂程序。
> 規劃要產生計畫，規劃 OO 管理，產生 OO 管理計畫。

針對本管理內涵重要的依據文件、工具與技術、及成果產出說明如下：

1. 排程方法論（Scheduling Methodology）

如先進先出（FIFO）、最早接單日期、最早截止日期、最短工期、最長工期、重要評比排序、隨機處理等。

2. 排程軟體（Scheduling Software）

如專案管理中繪製甘特圖與網路圖的軟體，或工業管理、生產排程相關的應用軟體。

3. 時程管理計畫（Schedule Management Plan）

為本管理內涵「唯一的產出」，內容包括：

> 規劃要產生計畫，規劃時程管理會產生時程管理計畫。

(1) 專案時程模式發展。

(2) 發行（公告）與迭代長度（Release and Iteration Length）。

(3) 準確度。

(4) 量測單位。

(5) 組織程序連結。

(6) 專案時程模式維護。

(7) 控制門檻（Control Thresholds）：就是「臨界值」，或稱「閾（音ㄩˋ）值」，超過此時限，就要採取行動方案。

(8) 績效量測法則。

(9) 報告格式。

3.2 定義活動（Define Activities）

定義活動主要是識別及記錄產生專案交付物所需執行的特定行動。在專案範疇管理時，建立工作分解結構（WBS），是先將交付物分解至 WBS 最底層的工作包（Work Package）。而專案時程管理時，再將工作包進一步分解成活動

（Activity），活動可視為專案的任務（Task），是時程與成本估計與監控的基礎，詳見下圖的說明。

針對本管理內涵重要的依據文件、工具與技術、及成果產出說明如下：

1. 分解（Decomposition）

將工作分解結構（WBS）中所得到的工作包，繼續分解到更小更易於管理的活動（Activity），可做為時程規劃、評估、控制的基礎，分解後的產出就是「活動清單」。

2. 滾波規劃（Rolling Wave Planning）（湧浪規劃法）

越遠期的工作規劃，越粗略；越近期的工作規劃，越詳細。也就是逐步精進完善（Progressive Elaboration），或稱「**遠粗近細**」，也就是「**滾動式檢討**」。在專案生命週期間，工作可存在不同的詳細度：在早期策略階段，活動可以用「里程碑」（Milestone）的形式來表示。

　　本管理內涵的成果產出包括：活動清單、活動屬性及里程碑清單，因為常常一起出現，可稱為「**三劍客**」，相關說明如下所述：

3. 活動清單（Activity List）

　　就是專案中需要執行活動的列表，不包括任何不在專案範疇內的工作，活動清單的內涵：活動識別及工作描述之範疇，提供足夠資訊確保專案成員了解哪些任務需要完成。要注意的是時程活動是專案時程的元件，而不是 WBS 的元件。可用一張圖來了解何謂活動清單，並說明專案範疇問題與時程問題之不同處：

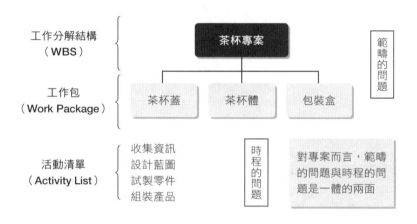

4. 活動屬性（Activity Attributes）

　　就是活動清單的補充資料，活動屬性要更詳細描述活動的內容與特性，可用來協助時程規劃、分類及排序。包括：活動識別、活動編碼、活動描述、前置活動、接續活動、邏輯關係（先後次序）、提前與延後、資源需求、強制日期、限制與假設。

5. 里程碑清單（Milestone List）

　　因為在專案的早期，所以保持在較粗略的「里程碑清單」模式，主要是專案幾個重要的事件點，例如：合約需求、強制日期等。例如建立新廠房，何時破土？何時蓋好？何時正式生產？關切這個重要時間點。

3.3 排序活動（Sequence Activities）

排序活動係識別與記錄各項專案活動間之關係。活動是依據邏輯關係（依存關係）（先後次序）來排序。每一個活動或里程碑，除了第一個及最後一個活動外，至少有一個前置活動（Predecessor）或接續活動（Successor）。在排序時可運用提前（Lead）或延後（Lag）時間，來協助定義實際可行的專案時程，另外排序活動也可運用專案管理軟體、自動化工具或人工方式（徒手繪製）來製作。

針對本管理內涵重要的依據文件、工具與技術、及成果產出說明如下：

1. 順序圖法（PDM, Precedence Diagramming Method）

以節點（Node）代表某項活動，並以箭號（Arrow）顯示各活動間之先後順序的一種專案網路圖形法，因為活動在節點上，所以本法又可稱為「節點圖」或稱為 AON（Activity-On-Node）。順序圖（PDM）通常以方塊來表示，活動在節點上，天數也在節點上，詳下圖所示。

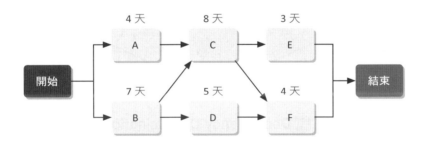

順序圖包含下列四種依存關係：

(1) **結束 - 到 - 開始（F-S, Finish-to-Start）**：前項活動結束後，後項活動才可以開始。如高中畢業後，大學才可以開始。這是「最常使用」的依存關係。

(2) **結束 - 到 - 結束（F-F, Finish-to-Finish）**：前項活動結束後，後項活動才可以結束。如清潔人員打掃教室，要等課程結束後，進來打掃完成才可以結束。

(3) 開始 - 到 - 開始（**S-S, Start-to-Start**）：前項活動開始後，後項活動才可以開始。如校慶典禮開始後，園遊會與學藝展覽等就可以開始。

(4) 開始 - 到 - 結束（**S-F, Start-to-Finish**）：前項活動開始後，後項活動才可以結束。這個依存關係，比較不常用到。

2. 箭線圖法（ADM, Arrow Diagramming Method）

以箭號（Arrow）代表某一項活動並連接各節點（Node），以顯示各活動間之相互關係及先後次序的專案網路圖形法，因為活動在箭號上，所以本法又可稱為「箭頭圖」或稱為 AOA（Activity-On-Arrow）。僅可使用一種依存關係：「結束到開始」（F-S），有時需使用虛擬活動（以虛線表示），只表達順序邏輯關係，不使用資源，不佔工期。箭線圖（ADM）通常以小圓圈來表示，活動在箭號上，天數也在箭號上，詳下圖所示。

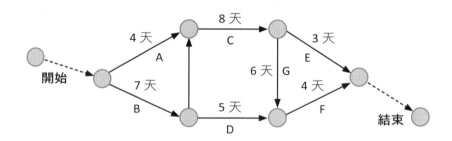

3. 依存關係決定與整合（Dependency Determination and Integration）

(1) 強制依存（**Mandatory Dependencies**）：是屬於硬邏輯（Hard Logic），某些工作因先天或實體限制所需要之強迫限制。例如蓋房子必須先蓋三樓才能蓋四樓。

(2) 刻意依存（**Discretionary Dependencies**）：是屬於軟邏輯（Soft Logic, or Preferred Logic），基於專業考量或時程因素，而對某些工作所做的限制，亦即業界習慣。例如是先鋪地板，還是先刷牆上的油漆。

(3) 外部依存（**External Dependencies**）：專案與外部非專案工作間，相互影響關係所做的限制。例如環評通過才能蓋公路。

(4) 內部依存（**Internal Dependencies**）：可由專案團隊控制，如要組裝完成後，才可進行測試。

4. 提前與延後（Lead and Lag）

提前係允許後續活動提前開始。如：第一版的文件完成前 10 天，可以開始第二版文件的撰寫，可運用結束到開始（F-S）的關係加上 10 天的提前時間。

延後係規範後續活動延後展開。如：混凝土需要 6 天的硬化期，所以後續活動必須等待 6 天才可以開始。

5. 專案時程網路圖（Project Schedule Network Diagrams）

為本管理內涵最重要的產出，由專案時程活動間的邏輯（依存）關係（先後次序），來繪製專案時程網路圖，如前述提到的順序圖（PDM）或箭線圖（ADM）。

輕鬆口訣　排序活動就是「加上箭號」，產生「網路圖」。

 小試身手 ①

請完成下面之順序圖與箭線圖之比較表：

英文（字頭語）		
中文	順序圖	箭線圖
活動在哪裡？		
又名（字頭語）		
依存關係有幾種？		
依存關係是哪幾種？		
虛擬活動是否需要？		

3.4 估計活動工期（Estimate Activity Duration）

估計活動工期是假設在資源充足下，估計要完成某活動所需之工期。估計活動工期參考的資訊包括：工作活動範疇、需求資源型式、估計的資源數量及資源行事曆。通常由熟悉本專案活動的個人或團隊來估計，且隨著專案進行，估計會愈來愈準確（逐步精進規劃），其中進行估計所做的假設，應完整的記錄下來。

針對本管理內涵重要的依據文件、工具與技術、及成果產出說明如下：

1. 專案文件（Project Documents）

假設記錄單、經驗學習登錄表、活動清單、活動屬性、里程碑清單、資源需求、資源分解結構、專案團隊指派、資源行事曆、風險登錄表等，可看出「估計活動工期」與「**資源**」有關，通常資源越充足，工期會越短。

2. 類比估計法（Analogous Estimating）

又稱為「由上而下估計法」（Top-Down Estimating），將過去類似專案實際耗用的時間當做基礎，以估算現在專案可能需要的工期。通常是在專案早期，對專案細部時間資料不足下使用，需要歷史資訊及專家判斷來增加其準確性。此外，參考的專案或活動越類似、估計者越有經驗，則估計值會越準確，但有經驗者會「墊高」估計值，這也是專案經理要去防範與避免的。

3. 參數估計法（Parametric Estimating）

運用歷史資訊與其他參數間之統計關係（公式）來估計。例如在單位標準的工作率下，需要多少時間來完成，公式就是：工期 = 數量 / 產能。

例如：一個程式需寫 6,000 行的程式，專案經理預估一個工程師一天寫 120 行，那麼整個時間的估算期就大約是 50 天。

4. 三點估計法（Three-Point Estimating）

用於計畫評核術（PERT, Program Evaluation and Review Technique），藉由考量估計不確定性及風險來提高預測的準確性。PERT 是以時間為主軸來控制工作進度之方法，又稱為方案鑑定與檢討方法。此種管理技術是利用網路圖來規劃專案的工期、人力、物力、資金等，再利用數學模式來檢討各個單項作業實際執行時可能的開始時間、完成時間、及「瓶頸（Bottleneck）」、「緩衝時間（寬裕時間）（Float Time）」等，以做為管理與控制之用。

PERT 是屬於貝他分配（Beta Distribution），有三種情況：

(1) 樂觀時間（Optimistic，以 O 表示）。

(2) 最有可能時間（Most likely，以 M 表示）。

(3) 悲觀時間（Pessimistic，以 P 表示）。

$$\text{PERT 估計工期的公式 } t = \frac{(O+4M+P)}{6} \quad (\text{屬於加權平均法})$$

$$\text{標準差 } \sigma = \frac{(P-O)}{6}$$

若是用三角分配（Triangular Distribution），則加起來除以 3 即可。

$$\text{三角分配估計工期的公式 } t = \frac{(O+M+P)}{3}$$

5. 由下而上估計（Bottom-Up Estimating）

可對個別活動再進行分解，以利於估計，作法上要先估計最底層活動的工期，再「聚合加總」以得到結果。

6. 備案分析（Alternatives Analysis）

在於了解是否有不同之方法可以完成工作，如不同之資源能力或技巧等級、不同大小或型式的機器、不同的工具（手做或自動化）、自製或採購等。

7. 緩衝分析（Reserve Analysis）

也稱為風險準備分析，加入應變準備時間（時間儲備或緩衝），以利專案遇到時程不確定時，需要額外的時間則使用之。可以是加上固定時間、固定比例或風險分析的結果。當專案執行後，資訊亦較清楚時，則應變準備的使用、減少或刪除，應與相關的假設及資訊一起記錄於文件中。

8. 決策制定（Decision Making）

可運用投票表決（Voting）或「**數隻表決（Fist of Five）**」：用手指表示支持度，若少於 3 隻，則要再討論，直到每位都要超過 3 隻（含）以上支持才達共識。

9. 工期估計（Duration Estimates）

為本管理內涵最重要的產出，是完成一項活動所需的量化工期（工時）的估算，有時因為有不確定性，也可以用：3 週 ±2 天 或專案會在 19 天（含）以內完成的機率是 84% 來表示。

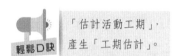

輕鬆口訣　「估計活動工期」，產生「工期估計」。

10. 估計的基礎（Basis of Estimates）

就是活動工期估計的「補充資料」，例如：假設、限制、估計的可能範圍、信心水準及風險影響等。

小試身手 2

請完成專案時程管理 -「工具與技術」的配合題（**Part A**）：

分解 （Decomposition）	（　）	**(A)** 又稱為「由上而下估計法」（Top-Down Estimating），乃是將過去類似專案實際所耗用的時間當做基礎，以估算現在專案可能需要的工期
滾波規劃 （Rolling Wave Planning）	（　）	**(B)** 共分為四種，分別為強制依存、刻意依存、外部依存、內部依存
依存關係決定 （Dependency Determination）	（　）	**(C)** 運用歷史資訊與其他參數間之統計關係來估計。如工期 = 數量 / 產能
由下而上估計 （Bottom-Up Estimating）	（　）	**(D)** 又稱湧浪規劃法，是屬於逐步精進規劃，愈遠期的工作規劃愈粗略，愈近期的工作規劃愈詳細
類比估計法 （Analogous Duration Estimating）	（　）	**(E)** 運用樂觀時間（O）、最有可能時間（M）、悲觀時間（P）來估計工期
參數估計法 （Parametric Estimating）	（　）	**(F)** 將專案的工作包，進一步分解為活動
三點估計法 （Three-Point Estimates）	（　）	**(G)** 先估計底層活動的資源，再向上聚合（加總）以得到結果

3.5 發展時程（Develop Schedule）

發展時程主要是分析活動排序、工期、資源需求及時程限制，以建立專案時程模型，也就是 3.5 節發展時程，要將前面 3.1 到 3.4 節整合起來。發展時程時，需要對工期與資源估計進行審查與修正，因此是一種反覆流程（Iterative Process），以決定計畫開始與結束時間及里程碑，發展完成的時程模型，可以做為專案績效的基準（Baseline）使用。基準就是被比較的對象，在專案執行中，要依據工作進度、專案管理計畫變更及風險特性，修正及維護實際可行的時程。專案時程表有助於與專案成員清楚了解何時需進行何種專案活動及里程碑何時會到來。

針對本管理內涵重要的依據文件、工具與技術、及成果產出說明如下：

1. 時程網路分析（Schedule Network Analysis）

用來建立專案時程模式，採用之方法包括：

(1) 要徑法（CPM, Critical Path Method）。

(2) 資源優化技術（Resource Optimization Techniques）。

(3) 建模技術（Modeling Techniques）：也需要注意評估專案的緩衝（Reserves）（寬裕時間），以避免專案延誤。且要再審查網路圖，是否要徑（Critical Path）上有高風險活動或需要執行風險回應計畫。

2. 要徑法（CPM, Critical Path Method）

某公司軟硬體建置專案的網路圖，如下圖所示，此專案共計有 7 個活動，是運用順序圖（PDM）法所繪製出來的網路圖，因為活動在節點上，所以又稱為節點圖，也就是 AON（Activity-On-Node）。

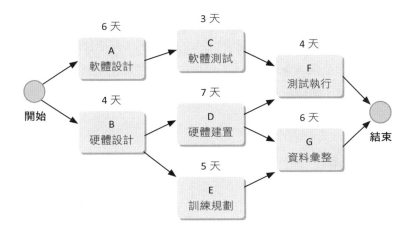

要徑法的解法步驟有三個步驟，說明如下：

(1) 找出所有路徑（共 4 條）

A-C-F、B-D-F、B-D-G、B-E-G

(2) 計算各路徑的工期

A-C-F　　6+3+4=13

B-D-F　　4+7+4=15

B-D-G　　4+7+6=17

B-E-G　　4+5+6=15

(3) 找出最大（工期最長）者，即為「要徑（**Critical Path**）」：所以要徑就是 B-D-G，要徑工期 = 專案工期 =17 天。

深度解析 ❶

要徑就是「關鍵路徑」，也就是「管理重點」，此條路徑工期最長，緩衝時間（寬裕時間）（浮時）（Float）=0。

浮時（Float）指的是在專案時程上的彈性時間，又稱為緩衝時間（寬裕時間）（Slack Time）。是指在不延遲專案結束的前提下，你能延遲一項任務最早開始時間的時間量，又稱為全浮時（Total Float）。由於要徑沒有任何緩衝時間，因此在要徑上的活動，浮時為 0。

深度解析 ❷

資源優化，包括 (1) 資源撫平法及 (2) 資源平滑法。

3. 資源撫平法（Resource Leveling）

是一種網路分析的方法，通常是用在要徑法分析之後使用。初步的時程安排係將許多資源集中運用在關鍵性的活動時段（要徑）中，唯該時段可能因資源不足或管理不易而無法執行，故必須調整任務，以達到資源的重新調整分配，亦即要考慮「**資源受限**」的情況。由於資源受限，故重新調整資源分配，「**設定資源上限**」，且「**要徑可能會改變**」，經過資源撫平的時程會「**比原時程更長**」。

4. 資源平滑法（Resource Smoothing）

在原浮時內調整，不會改變要徑，也不會延長專案時間，希望專案各活動及路徑的資源使用，越平滑越好。

5. 假設情境分析（What-If Scenario Analysis）

就是對「**當情境 X 發生時，應當如何處理？**」這樣的問題進行分析。可以分析不同情境對專案工期的影響，如從台北去高雄，選擇搭高鐵或搭火車，這兩種不同情境，就會有不同的到達時間。此外，若遇天候、災損、資源不足及重大風險時，需要的時程也會加長。

6. 模擬（Simulation）

　　用不同組合的活動假設來計算各種可能方案的專案工期，最常用的技術是「**蒙地卡羅分析（Monte Carlo Analysis）**」，由建模（Modeling）開始，建模就是找出代表專案情境的方程式，藉由隨機地輸入，計算可能的工期分佈，然後利用這些分佈計算出整個專案的可能分佈結果。

7. 時程壓縮（Schedule Compression）

　　在不改變專案範疇、時程限制及強制日期下，縮短專案時程，包括下列兩種方式：

(1) **縮程法（Crashing）**：增加資源及縮短專案時程，也就是「趕工」，風險是可能會「降低品質」。

(2) **快速跟進法（Fast Tracking）**：將原本有先後順序的活動，以平行（重疊）的方式同步執行，來壓縮時程，風險是有可能需要「重工」（Rework）。

8. 敏捷發布規劃（Agile Release Planning）

　　依據產品演進的歷程，來決定發布時程（Release Schedule）的高階時間線（Timeline），公司要依據企業策略目標、考量依存關係及重大障礙，來決定需要的發布（如大改款）次數及迭代（如小改款）次數，隨後才是功能（Feature）與任務（Task）層級的安排。

輕鬆口訣：規劃的目的在建立基準，故基準會在規劃流程群組最後一節產生。

9. 時程基準（Schedule Baseline）

　　為本管理內涵最重要的產出，經由時程網路分析所得之專案時程，由適當的利害關係人（贊助人或客戶）提報與核准，包括專案基準的開始與結束日期。時程基準是專案管理計畫的一部分。

10. 專案時程（Project Schedule）

可以分為下列三種形式：

(1) **里程碑圖（Milestone）**：訂出專案幾個最重要的時間點（查核點），而里程碑的查核點則視活動的數目、風險的程度、管理的詳細度來決定。

(2) **甘特圖（Gantt Chart）**：是條狀圖的一種類型，顯示專案各活動的進度隨著時間進展的情況。甘特圖可顯示各活動的開始與結束，及各活動間的依存關係（先後次序）。

(3) **網路圖（Network Diagram）**：包括順序圖（PDM）與箭線圖（ADM），請參閱 3.3 節的說明。

深度解析 ❸

上述三種專案時程表達的適當時機：

里程碑圖：向高階長官簡報，簡明扼要。

甘特圖：跨部門溝通，表達清楚，全員皆懂。

網路圖：專案內，由專案經理掌控要徑及各活動的浮時，做好重點管理。

11. 時程資料（Schedule Data）

就是時程基準的「補充資料」，包括：里程碑、專案活動、專案屬性、假設和限制，通常會提供資源需求、備案時程、應變準備時程等資料。

小試身手 3

請完成專案時程管理 -「工具與技術」的配合題（Part B）：

緩衝分析 （Reserve Analysis）	（ ）	(H) 要將資源衝突（有限資源）考慮進去，亦即考量資源依存關係（Resource Dependencies）以找出真正的要徑（Critical Path）
關鍵鏈法 （Critical Chain Method）	（ ）	(I) 將有先後順序的活動以平行（Parallel）的方式同步執行以壓縮時程
資源撫平法 （Resource Leveling）	（ ）	(J) 以隨機的輸入，來計算專案工期可能的分佈。最常用的技術是蒙地卡羅分析（Monte Carlo Analysis）
假設情境分析 （What-If Scenario Analysis）	（ ）	(K) 增加資源使用，以縮短專案時程之作法（亦即趕工）
模擬 （Simulation）	（ ）	(L) 對「當情境 X 發生時，應當如何處理？」這樣的問題進行分析
縮程法 （Crashing）	（ ）	(M) 考慮資源限制，將資源上限設定為常數（如最多 5 人，最多 3 台機器）
快速跟進法 （Fast Tracking）	（ ）	(N) 加入應變準備時間（時間儲備或緩衝），以利專案遇到時程不確定時，需要額外的時間則使用之。可以是加上固定時間、固定比例或風險分析的結果

3.6　控制時程（Control Schedule）

　　控制時程是屬於監控母流程 1.6 整合變更控制（ICC）裡的子流程，主要在監控專案現況（進度），管理時程基準的變更。作法是要去影響會造成時程變更的因素，希望不要變更。隨時判定目前專案進度現況，若有變更時要查知，提出變更請求時，要確實管理與控制，唯有核准的變更，才可以納入執行。

　　針對本管理內涵重要的依據文件、工具與技術、及成果產出說明如下：

1. 控制時程是屬於「監控」流程群組

　　因此依據文件包括：工作績效資料（WPD）及專案管理計畫（時程管理計畫＋時程基準）。

監控就是「績效」與「計畫」做比較。

2. 工作績效資料（WPD）

　　關於專案進度（Progress）的資訊，如哪些專案活動已經開始，它們的工期、完工率及哪些活動已完成。

3. 績效審查（Performance Reviews）

　　績效審查就是要量測、比較及分析時程績效與時程基準之差異，如實際開始與結束日期、完工百分比及未完成工作的進度，也因此「績效審查」是監控流程群組常用的工具與技術。

績效審查就是監控現況，進行 KPI Review。

4. 迭代燃盡圖（Iteration Burndown Chart）

　　如下圖所示，圖中表達的資訊，說明如下：

(1) 專案理想上，計畫在第 10 天完成。

(2) 目前是第 7 天。

(3) 目前進度是落後。

(4) 預測專案總共在第 11 天尾時完成。

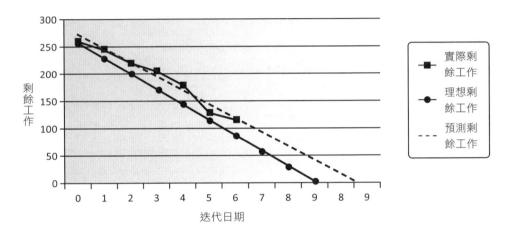

5. 標準監控流程群組的產出

(1) **工作績效資訊（WPI, Work Performance Information）**：專案時程績效與時程基準的比較，通常以時程績效指標（SPI）及時程變異（SV）來表達，請參閱 4.4 實獲值分析（EVA, Earned Value Analysis）。

(2) **變更請求（Change Requests）**：預防行動、矯正行動及缺點改正等。

(3) **專案管理計畫更新**：績效量測基準、時程管理計畫、時程基準、成本基準。

(4) **專案文件更新**：假設記錄單、經驗學習登錄表、估計的基礎、專案時程、時程資料、資源行事曆、風險登錄表。

(5) 除上述四項外，本流程產出還要加上：時程預測（Schedule Forecasts）。

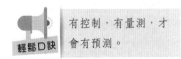

有控制，有量測，才會有預測。

小試身手 4

請於最右方填上專案時程管理 -「產出」所隸屬的章節數字：

章節名稱	產出	請填上章節數字
3.1 規劃時程管理 3.2 定義活動 3.3 排序活動 3.4 估計活動工期 3.5 發展時程 3.6 控制時程	活動工期估計（Activity Duration Estimates）	
	時程基準（Schedule Baseline）	
	時程管理計畫（Schedule Management Plan）	
	專案時程（Project Schedule）	
	里程碑清單（Milestone List）	
	活動清單（Activity List）	
	時程預測（Schedule Forecasts）	
	時程資料（Schedule Data）	
	專案行事曆（Project Calendars）	
	專案時程網路圖（Project Schedule Network Diagrams）	
	活動屬性（Activity Attribute）	

小試身手解答

1

英文（字頭語）	PDM	ADM
中文	順序圖	箭線圖
活動在哪裡？	節點（Node）	箭號（Arrow）
又名（字頭語）	AON	AOA
依存關係有幾種？	有 4 種	只有 1 種
依存關係是哪幾種？	F-S、F-F、 S-S、S-F	F-S（結束 - 開始） （最常用）
虛擬活動是否需要？	不需要	可以需要

📁 小試身手解答（續）

② Part A: F, D, B, G, A, C, E

③ Part B: N, H, M, L, J, K, I

④

章節名稱	產出	請填上章節數字
3.1 規劃時程管理 3.2 定義活動 3.3 排序活動 3.4 估計活動工期 3.5 發展時程 3.6 控制時程	活動工期估計（Activity Duration Estimates）	3.4
	時程基準（Schedule Baseline）	3.5
	時程管理計畫（Schedule Management Plan）	3.1
	專案時程（Project Schedule）	3.5
	里程碑清單（Milestone List）	3.2
	活動清單（Activity List）	3.2
	時程預測（Schedule Forecasts）	3.6
	時程資料（Schedule Data）	3.5
	專案行事曆（Project Calendars）	3.5
	專案時程網路圖（Project Schedule Network Diagrams）	3.3
	活動屬性（Activity Attribute）	3.2

精華考題輕鬆掌握

1. 你正在執行一個軟體開發專案，完工的樂觀值為 90 天、最近似值為 120 天、悲觀值為 150 天，關於估計活動工期以下描述何者錯誤？
   (A) 計畫評核術（PERT, Program Evaluation and Review Technique）和要徑法（CPM, Critical Path Method）都是採用加權平均法
   (B) PERT 加權平均法計算工期的結果為 120 天
   (C) 標準差為 10 天
   (D) 三點估計法中的三角分配法不是屬於加權平均法的一種

2. 關於要徑法（CPM, Critical Path Method）的說明，以下何者錯誤？
   (A) 要徑為執行時間最短的路徑
   (B) 可以用來計算浮時
   (C) 要徑包括正向和反向兩種計算方法
   (D) 計算要徑時，要考慮各活動的前後順序

3. 關於專案時程管理之執行順序，以下何者排序正確？
   a. 估計活動工期；b. 排序活動；c. 規劃時程管理；d. 定義活動；
   e. 控制時程；f. 發展時程
   (A) dbcaef   (B) dbcafe   (C) cdbafe   (D) fedbac

4. 執行專案的過程中，在既定範疇中進行時程、成本和品質的管理是很重要的，如果專案要徑上的活動確定會延遲，此時作為專案經理的你必須下的決策是什麼？
   (A) 通知業主專案將會延遲   (B) 壓縮時程
   (C) 設法取得更多的資源   (D) 刪減或變更既有範疇

5. 史都華爭取到專案經理的角色，這是個執行 25 個月且涉及 120 名專案成員的專案，該專案目前時程績效指標（SPI, Schedule Performance Index）為 0.75，成本績效指標（CPI, Cost Performance Index）是 1.44，身為專案經理的你應該如何向利害關係人進行報告？
   (A) 該專案執行狀況良好   (B) 該專案將會超前預計進度完成
   (C) 該專案預算不足   (D) 目前面臨的問題和解決辦法

6. 專案完成工作分解結構（WBS）後，以系統化的方式分層顯示專案的結構圖形，並且以網路圖的形式排列出工作事項的前後順序，並依據資源需求，完成估計活動工期。身為一位專案經理，請問在完成前述工作之後，接著應該做的是下列哪一項工作？

    (A) 定義活動　　　　　　　　　　　(B) 排序活動

    (C) 發展時程　　　　　　　　　　　(D) 確認範疇

7. 你是軟糖客製化專案的專案經理，今天突然接到客戶來電要求變更軟糖的規格，根據你的評估，這項變更會導致你要在要徑上增加一個月的時間，身為一個專案經理，該怎麼做對於專案來說是最有益的？

    (A) 諮詢專案發起人　　　　　　　　(B) 告知客戶專案變更會造成的影響

    (C) 刪減範疇　　　　　　　　　　　(D) 壓縮時程

8. 下列哪一種工期估計的方法，常被認為最「不」準確？

    (A) 類比估計法　　　　　　　　　　(B) 參數估計法

    (C) 三點估計法　　　　　　　　　　(D) 由下而上估計法

9. 目前你所參與的專案團隊規劃之期程如下圖，英文字母是活動的名稱，方塊上的天數是預計執行的期程，由於客戶的要求，現在必須加入一個期程為 2 天的新活動 X，他的前置活動為 A、後繼活動為 B，請問現在專案預計執行期程是幾天？

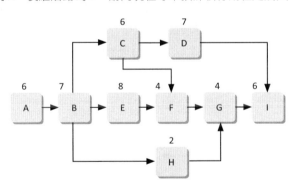

    (A) 35 天　　　　　(B) 37 天　　　　　(C) 38 天　　　　　(D) 42 天

10. 你是一位管理顧問，被指派為一個軟體公司的新型態直播軟體開發專案提供建議。目前面臨的問題是，客戶要求該軟體需要提前兩個禮拜完成。專案經理已經確認專案範疇內所有的工作項目都是必要的，若刪減會造成專案失敗，但經過評估，若每一項活動期程都減少原來預計的 5%，則有很高機率可以完成客戶的要求。在此情況，你會建議專案經理應該如何處理，是最快速有效的做法？

(A) 與管理階層討論刪改範疇的可能性。啟動變更控制過程，解釋該專案時程需要維持，並審查所涉及的風險

(B) 研究要徑上的哪些活動可以並行

(C) 開始進行專案未完成之風險評估的審查

(D) 要求專案團隊提出期程減量 5% 的計畫書

11. 你所執行的專案因為社會議題開始受到民眾關注，因此管理階層開始將此專案嚴格檢視，必須在 50 天之內完成。專案執行至今的成本績效指標（CPI）是 1.25，而根據之前的評估，此專案的要徑為 46 天、標準差則是 2 天，請問此專案的最大浮時是幾天？（專案完成時程預估，以 1 倍標準差計算）

(A) 0 天　　　　　　(B) 2 天　　　　　　(C) 4 天　　　　　　(D) 6 天

12. 依據《環境影響評估法》第 5 條，開發行為對環境有不良影響之虞者，應實施環境影響評估。簡言之，要等開發單位提出之環境影響評估報告通過後，才可以開始施工。如果以專案管理的角度來看，請問這是哪種依存關係（Dependency）？

(A) 強制依存　　　(B) 刻意依存　　　(C) 外部依存　　　(D) 內部依存

13. 下列是一項機台優化改造機密任務之時程規劃及順序網路圖，請問下列選項中何者為所代表的要徑？

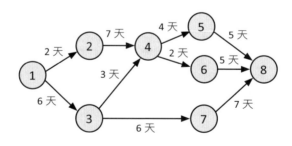

(A) 1-2-4-5-8　　　(B) 1-3-4-6-8　　　(C) 1-3-4-5-8　　　(D) 1-3-7-8

14. 你負責籌劃一次迷你馬拉松活動專案，根據你們專案團隊初步評估，這個專案最短可在 200 天完成，經過主管審查後再重新討論，蒐集資料後發現其他類似的專案平均比你們所估計的時間要多花 20% 的時間，其中還有一個專案花了 340 天。請問經過修正後，你認為此專案最可能花費幾天可完成？

(A) 180 天 　　　　　　　　　　　　(B) 200 天

(C) 250 天 　　　　　　　　　　　　(D) 340 天

15. 長頸鹿食品公司臨時進行企業改組，新上任的執行長想要在最短時間內掌握公司食品之品質流程改善專案的時程概況，這種狀況下身為專案經理的你，應該提供什麼呈現方式最為合適？下列哪一種時程表型式最適合在此時呈現給新任之執行長？

(A) 甘特圖 　　　　　　　　　　　　(B) 網路圖

(C) 里程碑圖 　　　　　　　　　　　(D) 魚骨圖

16. 進行專案時程管理的時候，有許多工具圖可作為輔助，更有利於報告的進行和討論，關於時程管理使用到的圖，下列敘述何者錯誤？

(A) 箭線圖法（ADM）只有一種依存關係

(B) 順序圖法（PDM）有四種依存關係

(C) 箭線圖法（ADM）有時會使用虛擬活動的表示法，不佔用工期和資源

(D) 最常用到依存關係是「結束 - 結束」關係

17. 專案時程管理有許多網路圖用於管理和與專案團隊進行討論，若 A → B 是你專案中兩個有前後關係、但可同時進行的活動，以下哪一種工具，不需要借助虛擬活動，可以使你表達出「前後兩活動同時進行」也表達出順序？

(A) 計畫評核術（PERT） 　　　　　　(B) 箭線圖法（ADM）

(C) 順序圖法（PDM） 　　　　　　　(D) 要徑法（CPM）

18. 專案時程管理中需要善用工具建立許多文件，其中「時程管理計畫」和「網路圖」是很重要的，請問上述兩者分別在什麼階段建立？

(A) 排序活動；估計活動資源 　　　　(B) 發展時程；估計活動期程

(C) 規劃時程管理；排序活動 　　　　(D) 估計活動期程；控制時程

19. 為了培養適合企業轉型的人才,環球智慧探索公司要開始研發知識管理系統,因此規劃了一個內部架構的專案,在工作分解結構完成之後,此專案主要有以下活動:a. 建立公司內部執行架構;b. 內部架構系統的開發;c. 設計系統前端介面。公司想要於建立公司內部執行架構後,讓內部架構系統的開發和設計系統前端介面同時開始進行,則三個活動間有何依存關係?

    (a) 開始到結束 (b) 結束到結束 (c) 結束到開始 (d) 開始到開始

    (A) 活動 a 和活動 b 為 (c) 關係,活動 b 和活動 c 為 (d) 關係

    (B) 活動 a 和活動 b 為 (c) 關係,活動 b 和活動 c 為 (b) 關係

    (C) 活動 a 和活動 b 為 (a) 關係,活動 b 和活動 c 為 (c) 關係

    (D) 活動 a 和活動 b 為 (a) 關係,活動 b 和活動 c 為 (a) 關係

20. 目前你所參與的專案團隊規劃之期程如下圖,英文字母是活動的名稱,方塊上的天數是預計執行的期程,由於客戶的要求,你必須進行時程的壓縮,請問哪個活動有最多的浮時(Float 或 Slack)可以做為壓縮時程的目標?

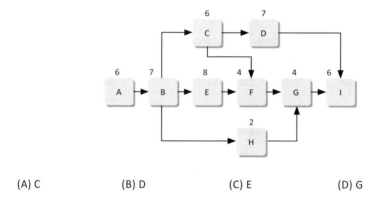

    (A) C   (B) D   (C) E   (D) G

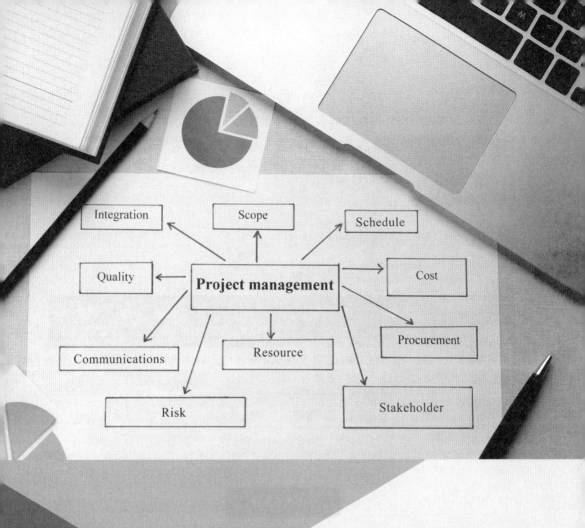

04

專案成本管理
Project Cost
Management

專案成本管理係針對專案成本與預算進行規劃、估計、財務、籌資、管理及控制，以利專案能在預算內完成。本知識領域包括四個管理內涵：

4.1 規劃成本管理（Plan Cost Management）

4.2 估計成本（Estimate Costs）

4.3 決定預算（Determine Budget）

4.4 控制成本（Control Costs）

流程群組 知識領域	起始 （I）	規劃 （P）	執行 （E）	監控 （C）	結案 （Closing）
4. 成本管理		4.1 規劃成本 管理 4.2 估計成本 4.3 決定預算		4.4 控制時程	

專案成本管理的架構圖説明如下：

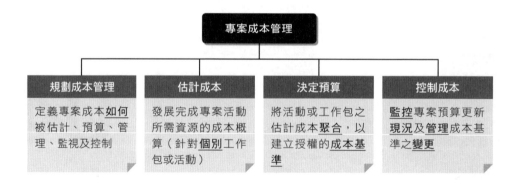

4.1 規劃成本管理（Plan Cost Management）

　　成本管理關心完成專案活動所需各項資源的成本，規劃成本主要定義專案成本如何被估計、預算、管理、監視及控制。要關切的是專案生命週期成本（Project Life Cycle Cost）：含設計與開發（Design And Development）、製造 / 獲得（Manufacturing/Acquisition）、營運與維護（Operation And Maintenance）及汰除（Disposal）的成本。

> 規劃是 How（如何）的問題，也就是：找方法，訂程序。
> 規劃要產生計畫，規劃 OO 管理，產生 OO 管理計畫。

　　針對本管理內涵重要的依據文件、工具與技術、及成果產出說明如下：

1. 資料分析 - 備案分析（Alternatives Analysis）

　　如選擇提供資金的策略方案，包括自籌（Self-Funding）、抵押（Equity）、借貸（Debt）等，亦包括自製（Making）、採購（Purchasing）或租用（Renting, or Leasing）等。

2. 成本管理計畫（Cost Management Plan）

(1) 針對每一種不同資源建立度量的單位。

(2) 定義活動成本評估的精密性程度。

(3) 定義活動成本評估的正確性程度。

(4) 與組織程序建立連結。

(5) 定義控制門檻（Control Thresholds），也就是臨界值，或稱閾值。低於或高於此值就應採取行動（如節省支用）。

(6) 定義績效量測的規則。

(7) 定義不同成本報告的結構（格式）。

(8) 策略資金選擇的描述。

 # 4.2 估計成本（Estimate Costs）

估計成本係發展完成專案活動所需資源的概算成本。要考慮估計可能差異的原因，包括風險，也要考慮備案及如何節省成本，通常初始階段的概算（ROM, Rough Order Of Magnitude）為 -25% 至 +75%，到後來當資訊較詳細（Definitive）時，會變成比較精細，縮小範圍至 -5% 至 +10%。

成本估計要針對所有專案要用到的資源，包括人工、材料、機具、服務、設備等，也包括通貨膨脹（Inflation）及應變準備金（Contingency Cost）。在發展完成專案活動所需資源的成本概算需要針對個別工作包或活動來估計。

針對本管理內涵重要的依據文件、工具與技術、及成果產出說明如下：

1. 本管理內涵的工具與技術與「3.4 估計活動工期」類似

相關的估計法，在 3.4 估計活動工期已介紹過，因此工期當初如何估計，成本也就如何估計。

2. 類比估計法（Analogous Estimating）

是一種專家判斷，利用先前類似專案的成本做為專案成本估算的基礎，與其他技術比較，花費較少但也比較不準確。其特色是「由上而下估計法」（Top-Down Estimating），經常是在專案早期資訊較不完整時使用，估計值也較不精確。類比估計法或稱為由上而下估計法，比較像是由公司高層「分配」的做法。

3. 參數估計法（Parametric Estimating）

依據歷史資訊與參數間之統計關係來計算活動參數的估計值，如成本、預算及工期。其正確性與熟練度及模型建立有關，與前一種類比估計不同，參數是屬於由下而上估計法（Bottom-Up Estimating），先估計個別活動成本，再「加總」得到專案總額。以較低層的活動為估計標的，可增進估計的準確度。優點是能較準確、成員參與和承諾。缺點是較為費時、會墊高估計值。

4. 三點估計法（Three-Point Estimates）

如同第 3 章時程管理章節提到的計畫評核術（PERT）方法，加入風險不確定性來提高預測的準確性，有三種情況：樂觀成本（Optimistic，以 O 表示）、最有可能成本（Most Likely，以 M 表示）、悲觀成本（Pessimistic，以 P 表示）。成本三點估計法的公式有兩種，說明如下：

PERT 的貝他分配（Beta Distribution）：$C = \dfrac{(O+4M+P)}{6}$

三角分配（Triangular Distribution）：$C = \dfrac{(O+M+P)}{3}$

5. 緩衝分析（Reserve Analysis）

又稱「**風險準備分析**」，許多對專案的成本估計，都包括**應變準備金**（**Contingency Reserve**），以防範成本不確定性。計算方法可以是加上固定成本、固定比例或定量分析的結果，當專案執行後，資訊亦較清楚，則應變準備金的使用、減少或刪除。應變準備金應於成本文件中清楚地識別，而且應變準備金是資金需求的一部分。

6. 品質成本（COQ, Cost of Quality）

這是品質相關活動以金額數量區分及表示，可顯示現有品質改善空間的機會及其改善的經濟效益。

品質成本 = 預防成本 + 鑑定成本 + 內部失敗成本 + 外部失敗成本

要在問題還沒擴大前，就要分析可能原因，且提出可行之解決方案，防杜問題發生，所以要增加預防成本來減低其他三者。品質成本可以分成下列四項，說明如下：

(1) 預防成本（**Prevention Cost**）：品質規劃、教育訓練、預防設備、防呆設計。

(2) 鑑定成本（**Appraisal Cost**）：存貨檢驗、可靠度測試、測試設備、測試用品。

(3) 內部失敗成本（**Internal Failure Cost**）：停工、報廢品、修護、重工、機器故障、調查分析、再檢驗。

(4) 外部失敗成本（**External Failure Cost**）：保固修理與替換零件、運費、顧客關係、商譽損失、再進貨與包裝。

7. 成本估計（Cost Estimate）

這是本管理內涵最重要的產出，是對完成專案工作所需資源成本的量化評估，如直接人工、材料、儀器、服務、設施、資訊技術、通貨膨脹或應變準備金等。

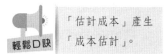

輕鬆口訣

「估計成本」產生「成本估計」。

8. 估計的基礎（Basis of Estimates）

就是成本估計的補充資料，包括：

(1) 估計的基礎要文件化。

(2) 估計的假設與限制。

(3) 可能結果範圍（例如：$10,000（±10%），代表實際成本可能介於 $9,000 到 $11,000 之間）。

(4) 最終估計的信心水準。

4.3　決定預算（Determine Budget）

　　將活動或工作包之估計成本聚合（加總），以建立授權的成本基準。成本基準包括所有授權的預算，但是不包括管理準備金。專案之預算構成授權的資金以執行專案，且專案成本績效，可藉由授權的預算量測之。

　　針對本管理內涵重要的依據文件、工具與技術、及成果產出說明如下：

1. 成本聚合（Cost Aggregation）

　　係依據專案工作分解結構 WBS 之工作包成本進行聚合（加總），再加總到 WBS 更上一層（如控制帳戶）（Control Accounts），最後彙整出專案成本。

2. 歷史資訊審查（Historical Information Review）

　　如參數估計及類比估計法，需要解析專案特性來發展數學模式，此時就會應用到歷史資訊。

3. 資金限制調和（Funding Limit Reconciliation）

　　一般而言，公司不歡迎資金定期支出中有巨額支出，因此資金限制與計畫支出之差異，需要工作重新排程，來調和（撫平）（Level Out）支出率，所以可以藉由專案時程之強制時間限制，讓支出更平順。

4. 融資（Financing）

　　就是向外借貸，尤其是長期的基礎建設或公共服務專案。

5. 成本基準（Cost Baseline）

　　規劃的目的在建立基準，故基準是在規劃流程群組的最後一節產生。成本基準是成本估計隨時間變化的「**累計值**」，標準的話，是一條「**S 型曲線**」，S 型曲線又稱為「**學習曲線**」，在實務及生活上有許多的應用。

6. 專案資金需求（Project Funding Requirements）

專案資金需求 = 成本基準 + 管理準備金

有關成本基準、專案資金需求及專案預算的關係，請見下圖說明，其中有四個重點：

(1) 成本基準是一條連續的 S 型曲線。

(2) 專案資金需求是一筆一筆的（Incremental），不是連續的。

(3) 專案資金需求的最後值（最高值）就是專案預算。

(4) 若專案預算高於成本基準，則表示有動用管理準備金。

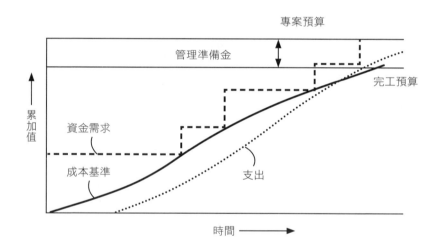

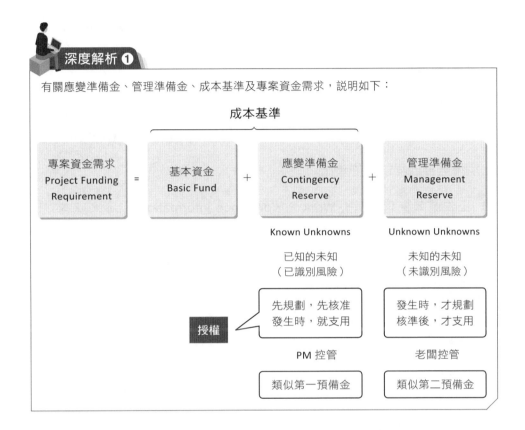

深度解析 ❶

有關應變準備金、管理準備金、成本基準及專案資金需求，說明如下：

4.4 控制成本（Control Costs）

控制成本主要用於監控專案預算、更新成本支用現況及管理成本基準之變更。專案成本控制要對造成成本基準變更的因素施加影響，確保成本支用不超過授權的專案階段資金與總體資金，並且監督成本績效，記錄所有與成本基準的偏差，有必要時採取措施，將預期的成本超支（Overrun）控制在可接受的範圍內。當變更發生時，管理這些成本的變更，若有核准的變更，要適時地通知利害關係人，共同修正成本或資源運用。

針對本管理內涵重要的依據文件、工具與技術、及成果產出說明如下：

1. 控制成本是屬於「監控」流程群組

因此依據文件包括：工作績效資料（WPD）及專案管理計畫（成本管理計畫 + 成本基準）。

監控就是「績效」與「計畫」做比較。

2. 標準監控流程群組的產出

(1) **工作績效資訊（WPI, Work Performance Information）**：專案成本支用與成本基準的比較，可運用變異分析、趨勢分析，或可整合於實獲值分析（EVA, Earned Value Analysis）中。

(2) **變更請求（Change Requests）**：預防行動、矯正行動及缺點改正等。

(3) **專案管理計畫更新**：績效量測基準、成本管理計畫、成本基準。

(4) **專案文件更新**：假設記錄單、經驗學習登錄表、成本估計、估計的基礎、風險登錄表。

深度解析 ❷

實獲值分析（EVA, Earned Value Analysis）是非常重要的工具，也就是「專案績效管理」，有下列三項重點：

1. 用**成本**來表示專案**時程**與**成本**績效。

2. 共同的了解。

| 不好 | 落後
1 >
超支 | 時程績效指標（SPI）
成本績效指標（CPI） | 超前
> 1
節省 | 好 |

3. 提供**預測**（Forecast）資訊。

【例題 1】

要興建一間 10 層之大樓，預計 10 個月蓋完，完工預算為 100 萬元，假設蓋每一層樓之速度相等，且預算相等。目前已過了 4 個月，只蓋了 3 層樓，且已支用 50 萬元，求時程績效指標（SPI）與成本績效指標（CPI）。

解答

由題意可知 1 個月要蓋 1 層樓，且每層樓的價值是 10 萬元。

時程績效指標（SPI）其實就是我們常說的「執行率」或是「完成率」。

由本題可知，過了 4 個月，應該要蓋 4 層樓，可是專案績效現況審查只蓋完 3 層樓，進度是落後的，SPI<1，也可推算 SPI=0.75。詳細的公式說明如下：

$$時程績效指標（SPI）= \frac{實際完成的價值}{預定完成的價值} = \frac{實獲值}{計畫值} = \frac{EV}{PV} = \frac{30}{40} = 0.75$$

成本績效指標（CPI）是「**1 元當幾元用？**」「**每花 1 元獲得多少價值？**」，也就是我們常說的「**CP 值**」「**性價比**」的概念。

由本題可知，蓋了 3 層樓，應該花 30 萬元，可是專案績效現況審查，卻花了 50 萬元，成本是超支的，CPI<1，感覺到花了 50 萬元，只得到 30 萬元的價值，可推算出 CPI=0.6。詳細的公式說明如下：

$$成本績效指標（CPI）= \frac{實際完成的價值}{實際支出成本} = \frac{實獲值}{實際成本} = \frac{EV}{AC} = \frac{30}{50} = 0.6$$

　　上述例題相關的專有名詞及公式，再仔細說明如下：

> 計畫值（**PV, Planed Value**）：計畫（預定）完成工作的價值。
>
> 實獲值（**EV, Earned Value**）：實際完成工作的價值，也稱為「掙值」。
>
> 實際成本（**AC, Actual Cost**）：實際完成工作的實際發生（支出）成本。

時程績效指標（SPI, Schedule Performance Index）： 也就是進度績效指標

   SPI=EV/PV

SPI<1 表示進度落後，SPI>1 表示進度超前。　　（註：時程就是進度）

時程變異（SV, Schedule Variance）：　　　　（註：變異就是差異）

   SV=EV-PV

SV<0 表示進度落後，SV>0 表示進度超前。

成本績效指標（CPI, Cost Performance Index）：

   CPI=EV/AC

CPI<1 表示成本超支，CPI>1 表示成本結餘。

成本變異（CV, Cost Variance）：

   CV=EV-AC

CV<0 表示成本超支，CV>0 表示成本結餘。

　　將計畫值（PV）、實獲值（EV）及實際成本（AC）的關係可繪製如下圖所示，其中括號內數字係以 [例題 1] 的題意數字為例。

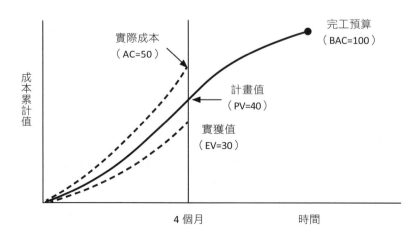

【例題 2】

截至今天，1,000 元的工作應該被完成，已花費 1,200 元，但只完成 800 元價值的工作，試求 PV, EV, AC, SPI, SV, CPI, CV=？

解答

PV=1,000　　EV=800　　AC=1,200

SPI=EV/PV=800/1,000=0.8　（進度落後）SV=EV-PV=-200

CPI=EV/AC=800/1,200=0.67　（成本超支）CV=EV-AC=-400

最後，要提到的是實獲值分析（EVA），可以提供「**預測**」資訊：

完工預算（BAC, Budget at Completion）：

完成所有工作的總預算（尚未執行前就要定出）

以 [例題 1] 為例，BAC=100 萬元。

完工估計（EAC, Estimate at Completion）：

照這樣下去，完成專案一共要花多少錢？

EAC=BAC/CPI

以 [例題 1] 為例，EAC=BAC/CPI=100/0.6=166.67 萬元。

至完工還需花費（ETC, Estimate to Completion）：

已花費不計，到完工時還要花多少錢？

因為 EAC=AC+ETC，所以 ETC=EAC-AC

以 [例題 1] 為例，ETC=EAC-AC= 166.67-50=116.67 萬元。

> **完工變異（VAC, Variance at Completion）：**
>
> 與當初規劃，相差多少錢？
>
> VAC=BAC-EAC ，VAC<0 表示超支，VAC>0 表示結餘
>
> 以 [例題 1] 為例，VAC=BAC-EAC=100- 166.67-50=-66.67 萬元。

> **完工績效指標（TCPI, To-complete performance Index）：**
>
> 在剩餘的工作時，必須要完成的成本績效
>
> 對於 BAC 來說，TCPI=(BAC-EV)/(BAC-AC)
>
> 以 [例題 1] 為例，TCPI=(BAC-EV)/(BAC-AC)= 70/50=1.4
>
> 也就是過去支用太多（CPI=0.6），未來要節省 1.4 倍的開支。

將完工預算（BAC）、實際成本（AC）、完工估計（EAC）、完工還需費用（ETC）及完工變異（VAC）的關係，繪製如下圖所示，其中括號內數字係以 [例題 1] 的題意數字為例。

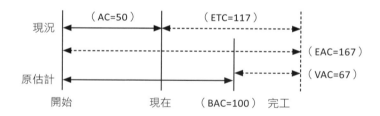

以下我們以一個完整的案例來做說明，到目前為止所提到的所有實獲值分析的專有名詞、定義與公式，請務必了解其計算方式。

【例題 3】

某公司要製造 400 件零件，分 8 天交貨，預估總預算為 40,000 元，現在是第 4 天的結束，已支出 12,000 元，已交貨 140 件，請進行實獲值分析（EVA），求 PV、EV、AC、SPI、SV、CPI 、CV、EAC、ETC、VAC、TCPI。

解答

可看出每天要製造 50 個零件，每個零件 100 元，且專案剛好進行到一半，因此：

PV=20,000 元　　AC=12,000 元　　EV=14,000 元

SPI=EV/PV=14,000/20,000=0.7 （進度落後）

SV=EV-PV=14,000-20,000=-6,000 元

CPI=EV/AC=14,000/12,000=1.167 （成本節省）

CV=EV-AC=14,000-12,000=2,000 元

EAC=BAC/CPI=40,000/1.167=34,276 元

ETC=EAC-AC=34,276-12,000=22,276 元

VAC=BAC-EAC=40,000-34,276=5,724 元

TCPI=(BAC-EV)/(BAC-AC)=26,000/28,000=0.9286

在本單元的最後，我們將補充一些與成本管理有關的概念，也讓身為專案經理的您可以對成本管理的基礎素養更加了解：

【觀念一】成本類型（Types of Cost）

(1) **機會成本（Opportunity Cost）**：放棄另一選擇的成本（Missing Part），例如：專案 A 利潤 50,000 元，專案 B 利潤 40,000 元，若選擇專案 A，則機會成本是 40,000 元。

(2) **沉沒成本（已投資成本）（Sunk Cost）**：沉沒成本是已經花費的成本，要當做成本已經消失，就好像船舶已經沉了，無法找回來了。通常在考慮是否要繼續一個待議的專案時，不需考慮已投資成本。

(3) **直接成本（Direct Cost）**：直接成本是指可以有效追蹤的專案相關成本，如專案所使用的直接材料費、直接人工費、及機器設備的租金等。

(4) **間接成本（Indirect Cost）**：比較屬於經常性費用，指的是無法有效追蹤，通常無法分割歸屬於專案的某部分），只好放在最上方（Overhead）。如間接人員 - 保全人員及清潔人員，間接材料 - 電費、潤滑油費、影印費、清潔費等。

(5) **固定成本（Fixed Cost）**：不隨著生產（銷售或銷售）數量而變動的成本，
例如：固定資產、辦公大樓租金、員工薪資、及機器設備折舊費等。

(6) **變動成本（Variable Cost）**：隨著生產（或銷售）數量變動而改變的成本，
例如：材料費、加班費、運費等。要注意的是：固定成本與變動成本，常與
損益兩平點（BEP, Break Even Point）有關。

 小試身手 1

> 短租每日花費 200 元，長租每日花費 100 元，但要 1 萬元機器設置費，請問第幾天開始長
> 租比較划算？

【觀念二】專案選擇法（Project Selection Methods）

(1) **現值法（PV, Present Value）**：未來的價值以現值表示，專案選越大越好。

$$F=P(1+r)^n \qquad 因此：P=F/(1+r)^n$$

P：現值（Present Value）

F：未來值（終值）（Future Value）

r：利率（Interest Rate）

n：期數（Number of Time Period）

請注意：現在的 1 塊錢，與明年的 1 塊錢，誰大（多）？當然是今年的 1 塊
錢。為什麼？因為會有利息。因此，從現在放到未來，會變多。從未來折到
現在，會變少。

(2) **淨現值法（NPV, Net Present Value）**：預期現金流的現值，也就是期初投
資成本，專案選越大越好。

$$NPV= 現金收入的現值 – 現金支出的現值$$

請注意：「現」就是折到現在，「淨」就是收入減支出。

(3) 還本期間法（**PP, Payback Period**）：回收投資成本並開始產生收益的期間，專案選越短越好。

(4) 效益成本比較法（**BCR, Benefit Cost Ratio**）：比較獲利（收益或報酬）和成本（投資），專案選越大越好。

　　BCR= 效益 / 成本（Benefits/Cost），BCR>1 表示獲利大於成本

(5) 內部報酬率法（**IRR, Internal Rate of Return**）：未來現金流的現值等於投資成本的報酬率，也就是類似「**殖利率**」的概念，專案選擇越大越好。

深度解析 ❸

將專案選擇法整理成下表所示：

專案選擇法	專案 A	專案 B	選擇專案及理由
機會成本	2 萬元	3 萬元	專案 A（選小的）（因為損失的少）
淨現值法（NPV）	200 萬元	300 萬元	專案 B（選大的）
還本期間法（PP）	3 年	5 年	專案 A（選短的）
效益成本比較法（BCR）	1.12	1.25	專案 B（選大的）
內部報酬率法（IRR）	12%	10%	專案 A（選大的）

小試身手解答

1 假設使用 n 天

200n>10,000+100n

n>100　所以，答案是 101 天開始

精華考題輕鬆掌握

1. 成本聚合（Cost Aggregation）是用於哪個管理內涵的工具？
   (A) 決定預算　　　　　　　　　　(B) 排序活動
   (C) 控制成本　　　　　　　　　　(D) 定義活動

2. 有關於成本聚合（Cost Aggregation）的描述，以下何者正確？
   (A) 將成本進行加總
   (B) 會使用到參數估計及類比估計，通常必須發展數學模式
   (C) 以工作重新排程的方式，來重新調和支出率。
   (D) 向公司外部其他對象借貸。

3. 關於實獲值分析（Earned Value Analysis）的描述，以下何者錯誤？
   (A) 是一種控制成本的資料分析方式　(B) SPI<1 代表進度超前
   (C) SV<0 代表進度落後　　　　　　(D) CV<0 表示超支

4. 實獲值分析（Earned Value Analysis）常用於營建專案中對於工期的績效管理（時程與成本績效），假設有一棟商業大樓高 18 層樓，預計花費 1,800 萬成本於 24 個月必須完成建造，已經過 10 個月蓋好了 8 層，花費了 600 萬元，請計算出時程績效指標 SPI 和成本績效指標 CPI。（備註：為求估算便利，設每層樓建造速度和每層樓成本都相同）
   (A) SPI=0.97，CPI=1.33　　　　　(B) SPI=1.07，CPI=1.33
   (C) SPI=1.07，CPI=1.50　　　　　(D) SPI=0.97，CPI=1.50

5. 關於實獲值分析（Earned Value Analysis）「預測」的描述，以下何者錯誤？
   (A) EAC=BAC/CPI　　　　　　　　(B) 完工變異（VAC）<0 表示超支
   (C) ETC 稱為完工估計　　　　　　(D) EAC=AC+ETC

6. 「將活動或者工作包估計成本聚合起來，建立用來授權的成本基準（Cost Baseline）」，以上描述的是專案成本管理的哪一個管理內涵？
   (A) 規劃成本管理　　　　　　　　(B) 估計成本
   (C) 決定預算　　　　　　　　　　(D) 控制成本

7. 三個月前，你的公司承接了花卉博覽會園區鬱金香區域建設案，指派你擔任專案經理，一開始估計的完工預算為新臺幣 180 萬，執行至今已花費 120 萬的預算。經估算，完工總花費會比完工預算多花 80 萬才能完成，請問以下關於實獲值分析相關參數 EAC（Estimate at Completion）、ETC（Estimate to Completion）和 VAC（Variance at Completion）之描述，何者正確？
   (A) EAC=120 萬元、ETC=60 萬元、VAC=80 萬元
   (B) EAC=260 萬元、ETC=140 萬元、VAC=-80 萬元
   (C) EAC=180 萬元、ETC=140 萬元、VAC=260 萬元
   (D) EAC=180 萬元、ETC=-80 萬元、VAC=260 萬元

8. 品質成本 = 預防成本 + 鑑定成本 + 內部失敗成本 + 外部失敗成本，以下描述何者錯誤？
   (A) 預防成本的增加有助於減低其他三者
   (B) 防呆設計屬於外部失敗成本
   (C) 教育訓練屬於預防成本
   (D) 運費和顧客關係屬於外部失敗成本

9. 有關於專案進行估計成本（Estimate Cost），以下描述何者錯誤？
   (A) 備案及如何節省成本不需在此流程考量
   (B) 初始階段的粗略概算，範圍約在實際值的 -25% 至 +75%
   (C) 資料較詳細後，較精確的概算範圍約在實際值的 -5% 至 +10%
   (D) 通貨膨脹（Inflation）和應變準備金（Contingency Reserve）在此流程也需估算

10. 關於估計成本時使用的工具與技術，以下何者錯誤？
    (A) 類比估計法與其他方法相較之下比較不準確
    (B) 對於專案成本的估計，通常會加上應變以預防不確定性
    (C) 由下而上估計法較為費時，且會墊高估計的成本值
    (D) 類比估計是一種由下而上（Bottom-Up Estimating）的估計法

11. 你是一位專案經理必須針對專案進行成本估計，目前已蒐集足夠的各活動成本可供估計，專案發起人希望估計值能夠「準確」且願意給你較多時間進行估計，何種估計方式較不適合你現階段使用？
    (A) 類比估計　　　(B) 參數估計　　　(C) 由下而上估計　　(D) 三點估計

12. 決定預算（Determine Budget）的產出，不包含以下何者？

(A) 變更請求　　　(B) 成本基準　　　(C) 專案資金需求　　(D) 專案文件更新

13. 關於決定預算的產出，以下描述何者錯誤？

(A) 資金需求 = 成本基準 + 管理準備金

(B) 應變準備金用於因應可預期的事件，管理準備金用於因應不可預期的事件

(C) 專案資金需求是連續的，而非一筆一筆增加

(D) 成本基準是活動成本隨著時間變化的累計值，將成本基準累加（y 軸）對時間（x 軸）做圖為 S 型曲線

14. 進行成本估計時，必須要先了解各項成本的定義，以下描述何者錯誤？

(A) 沉沒成本定義為已花費的成本

(B) 固定成本定義為不會隨著業績而改變的成本

(C) 若執行 A 專案之利潤為 25 萬元，執行 B 方案利潤為 28 萬元，則選擇執行 B 專案之機會成本為 3 萬元

(D) 通常無法有效追溯間接成本

15. 專案的時間和人力與物力是有限的，因此在選擇要執行哪一個專案就需要有專案選擇法（Project Selection Methods），以判斷如何獲得最大利潤。關於專案選擇法之描述，以下何者正確？

(A) 還本期間應選擇較長時間回本的專案，才能得到最大利潤

(B) 淨現值 = 現金收入的現值 + 現金支出的現值

(C) 若以淨現值法進行選擇，應選擇目前數值最小的專案

(D) 若以現值做為選擇依據，應選擇目前數值最大的專案

16. 選擇是否執行專案並於事前評估可能的利潤，是專案選擇法的重點所在，關於專案選擇法之描述以下何者正確？

(A) 效益成本比指的是成本除以效率所得的比例

(B) 應選擇效益成本比相對較小的專案

(C) 計算內部報酬率時，應使未來現金流入的現值和投資成本報酬率相等

(D) 選擇內部報酬率較小的專案，會有較高的獲利

17. 執行新專案時，專案經理回報截至目前為止此專案時程績效指標（SPI, Schedule Performance Index）為 0.9，成本績效指標（CPI, Cost Performance Index）為 1.5，應如何判斷此專案執行的績效？

(A) 進度超前，費用節約　　　　　　(B) 進度落後，費用節約

(C) 進度超前，費用超支　　　　　　(D) 進度落後，費用超支

18. 估計成本時會使用三點估計法（Three-Point Estimates），此方法所稱之三點不包含哪一項指標？

(A) 機會成本　　　　　　　　　　　(B) 樂觀成本

(C) 最有可能成本　　　　　　　　　(D) 悲觀成本

19. 進行成本估計（Estimate Cost），初始階段概算估計的成本值與實際值相較，大約落在哪個區段？

(A) -5% 至 +10%　　　　　　　　　(B) -15% 至 +45%

(C) -25% 至 +75%　　　　　　　　　(D) -35% 至 +105%

20. 以下關於控制成本（Control Costs）的描述，何者錯誤？

(A) 必須隨時了解現階段花費與成本基準的差異

(B) 如果有變更通過核准，為求快速因應不須通知利害關係人

(C) 整個過程都要記錄執行至今的成本效益，據此和成本基準比較

(D) 必要時採取行動來調整成本的超支行為

MEMO

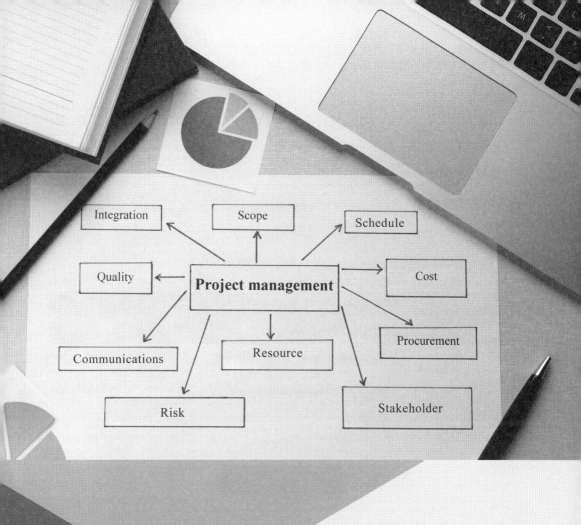

05

專案品質管理
Project Quality
Management

專案品質管理係確保能如質完成專案工作的所有管理流程及方法；包括品保系統中的品質政策、目標、職責及相關執行方式，持續推動品質改善，本章包括三個管理內涵：

5.1 規劃品質管理（Plan Quality Management）（QP）

5.2 管理品質（Manage Quality）（品質保證）（QA）

5.3 控制品質（Control Quality）（品質管制）（QC）

流程群組 知識領域	起始 （I）	規劃 （P）	執行 （E）	監控 （C）	結案 （Closing）
5. 品質管理		5.1 規劃品質管理（QP）	5.2 管理品質（QA）	5.3 控制品質（QC）	

專案品質管理的架構圖説明如下：

專案品質管理

規劃品質管理	管理品質	控制品質
識別專案及其交付物的品質需求與標準，並記錄專案如何展示其符合要求	將品質管理計畫轉換成納入組織品質政策，且可執行的品質活動	監控及記錄執行品質管理活動的結果，以評估績效及確保專案產出是完整、正確及符合顧客期望的

> 品質的定義：一組與生俱備的特性（特徵）（Characteristics）所能實踐需求的程度。

因此品質就是特性，要用此特性來設計、製造、銷售產品，其涵義為：「**符合要求（Conformance of Requirement）**」、「**適合使用（Fitness For Use）**」。

在現代更將專案品質定義為：

- 顧客滿意（Customer Satisfaction）。
- 管理者的責任（Management Responsibility）。
- 預防重於檢驗（Prevention Over Inspection）。
- 持續改善（Continuous Improvement）。
- 與供應商的互惠夥伴關係（Mutually Beneficial Partnership with Suppliers）。

在此要介紹一個觀念，鍍金（Gold Plating）是不好的行為，『鍍金』一詞是指專案多做了一些原本不在專案範疇內的事項，也就是「超出顧客預期」。理論上，只要是有多餘的時間或資源，一般專案經理是不會拒絕多做一些額外的服務，如此也可以增加與客戶間的關係，但這是屬於「行銷」的範疇。在專案管理之中，這種作法是不需要的，因為這樣做可能多花費了公司的資源去完成非屬於專案的內容。簡單來說，品質就是要達到剛好符合期望，不要多，也不要少（No More No Less）。

深度解析 ❶

「**鍍金（Gold Plating）**」與 2.6 節控制範疇中所提及「**範疇潛變（Scope Creep）**」都是不好的行為，其二者的差異：

鍍金：超過顧客戶要求，自己多給的（多此一舉）。

範疇潛變：顧客超過的要求，如同奧客，遇到時，要「結束現有合約，另起新約」。

5.1　規劃品質管理（Plan Quality Management）

規劃品質管理要識別專案及其交付物的品質需求與標準，並記錄專案如何展示其符合要求。本管理內涵屬於規劃流程群組，與其他規劃流程平行（Parallel）來做，例如時程、成本調整及風險分析等，且品質是規劃的、設計的、內建的（Built-in），而不是檢驗來的。

> 規劃是 How（如何）的問題，也就是：找方法，訂程序。
> 規劃要產生計畫，規劃 OO 管理，產生 OO 管理計畫。

針對本管理內涵重要的依據文件、工具與技術、及成果產出說明如下：

1. 成本效益分析（Cost-Benefit Analysis）

符合品質需求可以減少重工（Rework）、提高生產力、減低成本及增進利害關係人滿意度。

2. 品質成本（COQ, Cost of Quality）

包括預防成本、鑑定成本、內部失敗成本及外部失敗成本，請見 4.2 估計成本的說明。品質不良所造成的衝擊可能會增加專案成本、降低生產力、增加風險及增加監控成本，因此要「增加預防成本，來降低失敗成本」。

3. 流程圖（Flowcharts）

又稱為 Process Maps，常用價值鏈（Value Chain）表示，也就是「SIPOC」（西帕克），代表供應商、投入、流程、產出、顧客（Suppliers, Inputs, Process, Outputs, and Customers）。

4. 邏輯資料模型（Logical Data Model）

將組織的資料以企業語言（Business Language）展現，即運用商業實體、屬性和關係來呈現企業資料實體（含品質議題）的視圖。就是「**將抽象的組織資料實體化**」，例如新創事業的投入、顧客服務、及獲利等，可運用一頁式九宮格商業模式（Business Model）來呈現。

5. 矩陣圖（Matrix Diagram）

運用矩陣之行列（Rows and Columns），了解不同參數（原因）間之關係，有 L, T, Y, X, C 及屋頂等形式，探討對專案成功而言，「**哪些品質度量（Quality Metrics）或參數是最重要的**」，也就是要找出哪一個品質參數的影響最大。如日本赤尾洋二教授所提出的品質機能展開（QFD, Quality Function Deployment），就是很實務的品質策略的矩陣圖。

6. 測試與檢驗規劃（Test and Inspection Planning）

在規劃階段，專案經理或團隊成員要決定如何測試或檢驗產品、交付物或服務來滿足利害關係人的需求及期望，也包括產品的績效與可靠度。

7. 品質管理計畫（Quality Management Plan）

包括：品質標準、品質目標、角色與責任、專案交付物及流程的品質審查、品質管理與品質管制的活動、品質工具手法、品質不良時的處理及持續改善的程序等。

規劃要產生計畫，規劃品質管理會產生品質管理計畫。

8. 品質度量（Quality Metrics）

就是訂定與品質相關的參數及 KPI，要定義專案或產品的屬性，並要說明於 5.3 控制品質時，如何驗證其符合性。如不良率、報廢率、重工率、顧客滿意度，也可包括專案時程與成本的資訊。

小試身手 1

請於品質成本歸屬欄，填上適當的品質成本，其中：

A. 預防成本　B. 鑑定成本　C. 內部失敗成本　D. 外部失敗成本

項次	項目說明	公司支出	品質成本歸屬
1	派員參加品管課程	3 萬元	
2	產品不良造成報廢	46 萬元	
3	製程與成批檢驗	35 萬元	
4	大量退貨造成商譽損失	5,000 萬元	
5	品質問題預防 - 防呆設計	17 萬元	
6	請專家來公司授課	2 萬元	
7	產品不良造成重工	232 萬元	
8	產品厚度與拉力試驗	30 萬元	
9	公司辦理品管圈（QCC）競賽	5 萬元	
10	產品不良停工損失	86 萬元	
11	延長保固期限及項目	150 萬元	
12	定期召開品質會議	3 萬元	

5.2　管理品質（Manage Quality）

　　管理品質就是將品質管理計畫轉換成納入組織品質政策且可執行的品質活動，本管理內涵旨在增加滿足品質目標的機率，同時也要識別無效益（Ineffective）的流程及品質不良的原因。運用 5.3 控制品質的回饋（Feedback）結果資料（QC 量測），來反映整體品質現況給利害關係人知道，同時也可稽核品質結果，並執行品質活動（品質改善）。

針對本管理內涵重要的依據文件、工具與技術、及成果產出說明如下：

1. 檢核表（Checklist）

將符合的項目打勾，來確認及提醒是否已滿足需求。

2. 流程分析（Process Analysis）

識別流程改善的機會，包括檢查於流程中發生的問題、限制及無附加價值（Non-Value-Added）的活動，要注意的是，無附加價值的活動，就是浪費。在此舉一個工業界的實例，豐田生產系統（TPS, Toyota Production System）係以精實生產（Lean Production）著稱，除了利用看板（Kanban）系統，以拉式生產外，也積極藉由流程分析來消除七大浪費（無馱）（Seven Waste, or Seven Muda），這七大浪費是：生產過量、多餘的加工處理、不良品重工、多餘的動作、搬運、等待、及庫存等。

3. 根本原因分析（RCA, Root Cause Analysis）

判別造成變異、缺點或風險的基本原因（有時可能不只一個原因），也可用來找出問題的根本原因，並解決之，當所有的根本原因被消除，問題就不再發生了，根本原因分析，常稱為「**真因判定**」。根本原因分析在 1.5, 5.3, 8.2, 10.2, 10.4 等節也會用到。

4. 特性要因圖（Cause-and-Effect Diagrams）

又名因果關係圖、石川圖（Ishikawa Diagram）（註：因為是日本品管大師石川馨先生發明的）、魚骨圖（Fishbone Diagram）（註：因為這個圖長得像魚骨頭），係為協助「**找出問題可能發生的原因**」而設計的圖表。實務上常運用「5M1E」來加以分類，而且一般魚頭向右，是找問題可能發生的原因；可再繪製一個魚頭向左的魚骨圖，來提出相對應的解決方案。

輕鬆口訣 5M1E，就是人、機、料、法、量、環。

在此舉例一家餐廳被客訴餐後甜點口感不佳，分析可能發生原因，完成特性要因圖，如下圖所示：

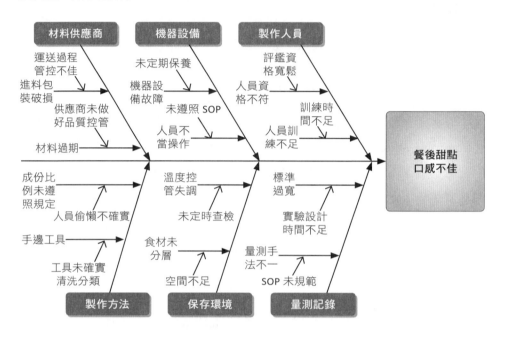

5. 直方圖（**Histograms**）

顯示某個變數發生的頻率，而用「**垂直長條圖形**」的高度來顯示。如下圖所示，展示考試分數每 10 分級距的分佈統計，一般而言，在正常情況下，分佈會是常態分配（Normal Distribution）。

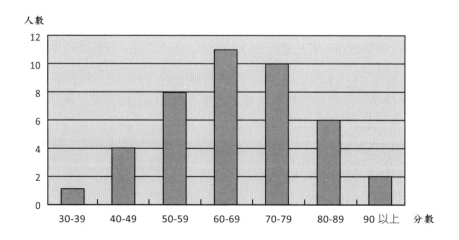

6. 散佈圖（**Scatter Diagrams**）

　　散佈圖主要之目的是「**研究兩個變數間的關係**」，分成正相關、負相關、零相關等。可定義相關係數（Correlation Coefficient），來表達兩個變數間的相關強度，通常如果是集中成線，則相關性強；若呈散佈狀，則相關性弱。相關係數一般用 r 來表示，且 $-1 \leq r \leq 1$。

(1) 正相關：$0 < r \leq 1$，且越接近 1，越正相關。

(2) 負相關：$-1 \leq r < 0$，且越接近 -1，越負相關。

(3) 零相關：$r \cong 0$（r 在 0 附近），如分佈像一個圓形，則兩個變數不相關。

　　一家主題樂園，統計大門售票的門票數與客訴數的關係，如下圖散佈圖所示，可看出是屬於正相關（$r \cong 0.7$），亦即售票數越多（進場人數越多），則客訴數也越高（成正比關係）。最後，再提一下負相關的實例，例如天氣溫度與羊肉爐的生意，可發現天氣溫度越低，羊肉爐生意越好，也就是負相關就是成反比關係。

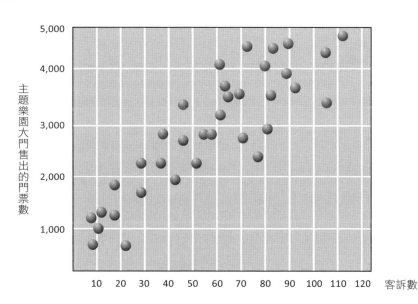

7. 柏拉圖（Pareto Chart）

　　柏拉圖之主要目的是「**找出改善的重點順序**」，也就是「**重點管理**」，與常見的「**80-20**」法則（或稱二八法則），有異曲同工之妙。柏拉圖是位 19 世紀中至 20 世紀初期義大利的經濟學家（註：此柏拉圖，並不是希臘三哲人之一，通常為了與希臘三哲人的柏拉圖區別，也稱為帕累托），他發現 80% 的財富由 20% 的人所擁有。到了近期，品管大師朱蘭（Juran）則加以演化應用到品質問題，他發現：80% 的問題，發生於 20% 的原因，而這 20% 的原因就是關鍵的少數（Critical Minor）。柏拉圖是一種「**特殊的直方圖**」，其繪製步驟，說明如下：

(1) 收集不良品或客訴資料（可於每批生產完成，或定期，如每年、半年、季或每月實施）。

(2) 分析其發生原因，並將其分類，按其分類統計各類別發生的次數。

(3) 排序：依據各類別發生的次數，「由高至低，由左至右」排列。

(4) 最左邊的問題，就是最關鍵的問題。

深度解析 ❷

柏拉圖的關鍵字：排序（Priority, Prioritize, Ranking Ordering）、最多缺點的類別（Highest Number of Defects）、關鍵（Critical）、聚焦（Focus），這些都是重要的關鍵字。

　　下圖為柏拉圖的案例，可看出包裝破損為最關鍵且亟需解決的問題。此外，若把前三項：包裝破損、缺裝零件、長度不足等問題解決的話，按照「**累加線**」的顯示，80% 的問題就可改善，這也就是符合 80-20 法則的精神。

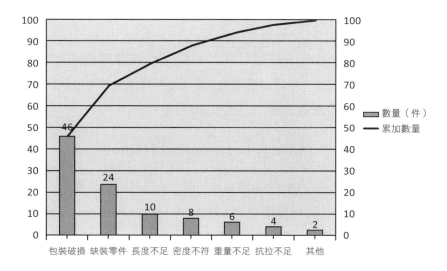

8. 稽核（Audits）

稽核是一個結構化且獨立的流程，以判定專案活動是否符合組織及專案的政策、流程及程序。稽核就是確認：「**說、寫、做、記錄一致**」，運用在品質議題上，通常稱為品質稽核，可定期或不定期實施，可由內部（內稽）或外部稽核員（外稽）執行。包括：識別最佳實務（best practice）已被採行、識別不符合事項（落差或缺點）、分享最佳實務至組織其他部門（水平展開）、主動提供品質改善的協助、強調稽核的貢獻及彙整經驗學習等。

9. 最佳化設計（DfX, Design for X）

針對某構面的最佳化設計，進而控制或改善產品的最終特性。X 可代表任何一個品質參數，例如：可靠度、製造、組裝、成本、服務等。流程經過最佳化設計後，會降低成本、提升品質與績效及顧客滿意度。

10. 問題解決（Problem Solving）

問題解決的流程：定義問題、判定根本原因、建立可能解決方案、選擇最佳方案、執行解決方案、確認方案效果。目前業界實務上常用的包括：品質改善歷程（QC Story），及最新的 8D 法（完成 8D 改善報告）。

11. 品質改善方法（Quality Improvement Methods）

於 5.3 控制品質（QC）、品質稽核、或上述問題解決流程，發現實況與實際目標有落差時，可運用戴明循環（PDCA, Plan-Do-Check-Act）（規劃 - 執行 - 查核 - 行動）、六標準差等工具進行品質改善。

12. 品質報告（Quality Reports）

係本管理內涵的產出，品質報告可以是圖表的、數值的或定性（質化）的。品質報告的資訊包括團隊成員所提出之品質管理的議題，如對產品、專案或流程建議的改善行動、矯正行動（如重工、缺點改正、100% 檢驗等），及 5.3 控制品質（QC）流程（檢驗結果）的摘要。

13. 測試與評估文件（Test and Evaluation Documents）

因為下一個管理內涵 5.3 控制品質（QC）就是要進行檢驗與測試了，因此，測試與評估報告，就是專案（產品）測試或驗收準備的計畫文件，要依據產業需求及組織範本來建立，是 5.3 控制品質的投入，用來評估是否達成品質目標。本文件可包括檢核表（Checklists）及詳細的需求追蹤矩陣（Requirements Traceability Matrices）。

小試身手 2

請完成「規劃品質管理（QP）與管理品質（QA）」工具的配合題：

QP	成本效益分析 （Cost Benefit Analysis）	（ ）	(A) 向模範的相關專案學習，包括組織內、組織外同業及異業等
QP	品質成本 （COQ, Cost of Quality）	（ ）	(B) 是一個結構化且獨立的審查，以判定專案活動是否符合組織及專案的政策、流程及程序
QP	標竿法 （Benchmarking）	（ ）	(C) 將企業抽象的組織資料實體化
QP	流程圖 （Flowcharts）	（ ）	(D) 在相同的成本支用下，所獲利益要越多越好
QP	邏輯資料模型 （Logical Data Model）	（ ）	(E) 識別流程改善的機會，包括檢查於流程中發生的問題、限制及無附加價值活動（Non-Value-Added）
QP	矩陣圖 （Matrix diagram）	（ ）	(F) 又稱為 Process Maps，常用價值鏈（Value Chain）表示，也就是 SIPOC（供應商、投入、流程、產出、顧客）
QA	稽核（Audit）- 品質稽核 （Quality Audit）	（ ）	(G) 運用矩陣之行列（Rows and Columns），了解不同變數（原因）間之關係
QA	流程分析 （Process Analysis）	（ ）	(H) 分為預防、鑑定、內部失敗與外部失敗等四項，要增加預防成本，以降低失敗成本

5.3 控制品質（Control Quality）

控制品質之目的在於監控及記錄執行品質管理活動的結果，以評估績效及確保專案的產出是完整、正確及符合顧客期望的。控制品質，簡單來說就是品質管制（QC, Quality Control）（簡稱品管），要在專案全程進行，旨在驗證專案交付物及工作符合關鍵利害關係人的需求，以達最終驗收（Final Acceptance）之目的。

針對本管理內涵重要的依據文件、工具與技術、及成果產出說明如下：

1. 控制品質是屬於「監控」流程群組

因此投入包括：工作績效資料（WPD）、交付物（專案標的）及專案管理計畫（品質管理計畫）。

監控就是「績效」與「計畫」做比較。

2. 查檢表（Check Sheets）

又稱計數表（Tally Sheets），用於快速計數統計品質屬性資料，如發現產品缺點次數等，如下表：

缺點／日期	星期一	星期二	星期三	星期四	總計
小刮傷	3	1	1	0	5
大刮傷	0	2	1	1	4
彎曲	2	2	3	2	9
缺裝零件	0	0	1	0	1
顏色錯誤	1	0	1	0	2
貼標錯誤	4	5	3	6	18

3. 統計抽樣（Statistical Sampling）

抽樣就是隨機抽取、進行檢驗；相對的，抽樣的相反就是全檢（全部檢查）。為何要抽樣？因為要節省時間、節省成本，而且有時檢驗會破壞產品。因此，適當地抽樣可以降低品質管制的成本。

4. 檢驗（Inspections）

檢查工作產品是否符合文件化的標準。檢驗又稱為審查（Review）、同儕審查（Peer Review）、稽核（Audits）、實地勘查（Walk-Throughs）等。「**檢驗**」這個工具，在本書中有三個管理內涵會提到，另外兩處在 2.5 驗證範疇（顧客驗收）及 9.3 控制採購（履約）。

5. 測試 / 產品評估（Testing/Product Evaluation）

測試是一個結構化的調查（Investigation），用來提供產品或服務是否符合專案需求的客觀資訊。主要目的是找出錯誤、缺點或其他不符合事項，測試可在整個專案期間執行，但早期測試可以發現初期缺點，來降低不符合組件的修復成本。

6. 管制圖（Control Charts）

管制圖用來判定製程（或服務流程）是否穩定，亦即是否受到控制。通常會先訂出顧客接受（允收）的上規格界限（USL, Upper Specification Limit）及下規格界限（LSL, Lower Specification Limit），再定期（如每小時）抽樣，於圖上依序繪出數據，訂出上管制界限（UCL, Upper Control Limit）、下管制界限（LCL, Lower Control Limit）及平均值（中心線）。管制界限要比規格界限嚴格，通常管制界限定在正負 3 倍標準差的範圍。管制圖如下圖所示，主要是要找出是否有特殊原因變異，而造成數據落在管制界限外的，這就會使製程不穩定（不受控）（Out Of Control），若製程發生不穩定現象，則要停工發掘原因，否則，可能會

造成更大的失敗成本。此外。管制圖也可用來檢查時程、成本是否在管制界限內，或判定專案管理流程是否在控制下（In Control）。

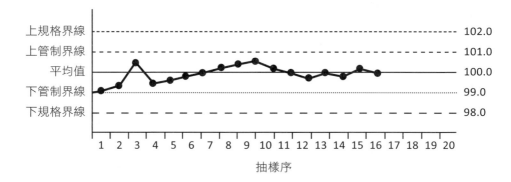

管制圖是屬於統計製程管制（SPC, Statistical Process Control）的一種工具，在 SPC 中，如遇到連續七點上升、下降或在平均值同一側，則製程可判定為不穩定，這就是著名的「**七點定律（Rule of Seven Points）**」。

7. 品質管制量測（Quality control Measurements）

是本管理內涵的產出，也就是「**檢驗結果**」。要回饋（Feedback）（投入）給 5.2 管理品質（QA），讓品保人員了解持續改善的品質活動是否有效。若有效，則繼續維持；若無效，則要請品保人員再另行發展其他更有效果的品質改善活動。

8. 驗證的交付物（Verified Deliverables）

判定交付物的正確性（Correctness），驗證的交付物要送去 2.5 確認範疇（Validate Scope）做為投入，以利顧客正式驗收。請參閱 **2.6[深度解析]- 交付物的旅行**。

深度解析 ❸

1. 日本品管大師石川馨博士（Kaoru Ishikawa）說，一個公司內部 95% 以上的品質問題都可以利用「**QC 七大手法（QC Seven Tools）**」來加以分析與解決的，因此，QC 七大手法一直被公認為是非常實用的工具，品質實務方面也幾乎離不開這七種手法。因為國際專案管理知識體在介紹這些工具的時候，分散在前面 QP、QA 及 QC 等單元（詳見本書前面的說明），包括下列七項工具：

(1) 查檢表　　　　　　　　　(5) 柏拉圖

(2) 層別法（或流程圖）　　　(6) 散佈圖

(3) 特性要因圖　　　　　　　(7) 管制圖

(4) 直方圖

2. 專案經理在進行專案品質管理時，需要了解一些基礎統計學及常態分配（Normal Distribution）與標準差（Standard Deviation）之關係，詳見下圖所示，請熟記標準差倍數與常態分配涵蓋面積百分比的關係。其中標準差，常以 σ（**Sigma**）表示，與數據的精度有關，說明如下：

(1) 精度高 = 數據集中 = 標準差小 = 常態分配曲線陡峭

(2) 精度低 = 數據分散 = 標準差大 = 常態分配曲線平緩

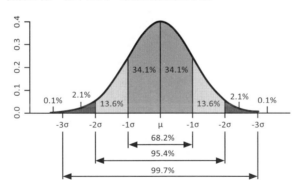

1 倍標準差 = 68.26%

2 倍標準差 = 95.46%

3 倍標準差 = 99.73%

6 倍標準差 = 99.999966%（在 1.5 倍標準差的偏移下，只有百萬分之 3.4 的失誤率）

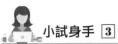 小試身手 3

請完成「管理品質（QA）與控制品質（QC）」工具的配合題：

因果關係圖（Cause and Effect Diagram），特性要因圖、魚骨圖、石川圖 （　　）	(A) 一種特殊的直方圖，將產品缺點依發生的種類按數量的大小（由高至低），由左至右排列，以決定關鍵改善項目，又稱 80-20 法則
直方圖（Histogram）（　　）	(B) 找出時間（Time）與趨勢（Trend）的關係，並可提供預測資訊，如銷售量對時間的變化
柏拉圖（Pareto Chart）（　　）	(C) 研究兩個變數間的關係，如年資與薪資的關係，可分為正相關與負相關
散佈圖（Scatter Diagram）（　　）	(D) 針對某構面的最佳化設計，進而控制或改善產品的最終特性
查檢表（Check Sheets）（　　）	(E) 隨機地（Randomly）從母體（Population）中抽取適當數量，以供進行檢驗
管制圖（Control Charts）（　　）	(F) 找出問題可能的發生原因（可分為人、機、料、法、量、環等項），如咖啡難喝的原因
操作記錄圖（補充）（趨勢時間圖）（Run Chart）（　　）	(G) 又稱審查（Review）、稽核（Audit）或現地勘查（Walk-Throughs）
最佳化設計（Design for X）（　　）	(H) 一種垂直型長條圖，長度越長顯示發生頻率愈高或數量愈大，如考試的成績統計

小試身手 3（續）

品質改善方法 （Quality Improvement Methods）	（　）	(I) 以統計的方法，瞭解製程是否穩定（Stable） 或是受控制的（Controllable），可用於分析共 同原因與特殊原因。如養樂多生產的統計製 程管制（SPC）
統計抽樣 （Statistical Sampling）	（　）	(J) 又稱計數表（Tally Sheets）- 用於快速計數統 計品質屬性資料，如發現產品缺點次數等
檢驗 （Inspection）	（　）	(K) 發現實況與實際目標有落差時，可運用 PDCA、六標準差等工具進行品質改善

📔 小試身手解答

1 A, C, B, D, A, A, C, B, A, C, D, A

2 D, H, A, F, C, G, B, E

3 F, H, A, C, J, I, B, D, K, E, G

精華考題輕鬆掌握

1. 管理專案品質時，資料展現（Data Representation）是很重要的一環，關於資料展現的描述以下何者錯誤？
   (A) 散佈圖（Scatter Diagram）用於決定待改善缺點的優先序
   (B) 石川圖（Ishikawa Diagram）或魚骨圖（Fishbone Diagram）都屬於因果關係圖
   (C) 散佈圖能夠呈現兩個變數之間的相關性，此相關性可能為正相關或是負相關
   (D) 使用因果關係圖目的在於找出問題可能發生之原因

2. 專案管理主要針對時程、成本和品質三者進行管理，關於上述三者的描述以下何者錯誤？
   (A) 時程管理的重點在於找出要徑（Critical Path），因為其為執行時間最長的路徑
   (B) 成本管理上，可以用魚骨圖計算出各活動已花費的成本
   (C) 成本管理的重點在於使得實際花費的成本不會超過預算
   (D) 品質管理可以用柏拉圖來鑑別出應該優先改善的缺點

3. 關於控制品質之投入文件、工具與技術、成果產出，以下何者錯誤？
   (A) 以管制圖（Control Charts）進行控制時，通常會訂定正負 4 倍標準差做為管制界線，管制圖也可用來檢視成本和時程是否在控制之下
   (B) 檢驗或審查等技術，目的都在於檢查產品是否已符合明文規定的標準
   (C) 查檢表和統計抽樣是資料蒐集的方法，有助於了解目前專案執行的品質
   (D) 為達成「找出產品之缺點或不符合品質管理標準者」之目的，可由早期測試或產品評估來降低後續的修復成本

4. 以水煎包店為例，關於專案品質的描述，以下何者錯誤？
   (A) 訂定出水煎包的標準，例如煎好之後不能有破洞、水煎包餡料必須熟透等，並且明文訂定檢驗符合標準的方式，稱為規劃品質管理（Plan Quality Management）
   (B) 規劃品質管理（Plan Quality Management），除了訂定交付物的標準之外還須訂定「呈現交付物符合標準」之方式
   (C) 店長將「水煎包必須達成的規格表」這種文件落實在員工製作水煎包的過程中，稱為管理品質（Manage Quality）
   (D) 店長必須監控員工製作的水煎包是否達成標準，此控制稱為管理品質（Manage Quality）

5. 關於專案品質管理之概念，以下何者錯誤？

(A) 品質是一種特徵，用來評估產品是否符合需求

(B) 品質管理目的在於預測專案中會發生的突發狀況，即使超越品質標準的任務也要能概括執行

(C)「符合品質」代表符合要求、適合使用

(D) 專案品質管理之重點，在於確保能夠「如質」完成專案

6. 關於規劃品質管理的工具與技術，以下何者錯誤？

(A) 品質成本的目的在於避免增加專案風險、避免降低生產力

(B) 成本效益分析之目的在於有效降低成本、避免重工，並提高顧客滿意度

(C) 邏輯資料模型（Logical Data Model）常用來評估對於專案成功而言，哪些因子具有較高的重要性

(D) 邏輯資料模型是一種視覺化圖形，用來將組織資料實體化

7. 有關管理品質的工具技術，以下描述何者錯誤？

(A) 進行根因分析（RCA, Root Cause Analysis）時除了找出問題的癥結點之外，還要試著解決造成問題的根本原因

(B) 最佳化設計的對象可能是可靠度、成本、服務等，目的在於改善產品的特性

(C) 進行流程分析時，只要確認時程長度和投入成本是否與設定目標相符合即可，不需要耗費額外成本檢查流程中的無附加價值活動

(D) 發現產品現狀和預期目標有落差時，應啟動品質改善方法進行品質改善

8. 在統計學當中的常態分佈模型中，如果與平均值之距離為正負 2 個標準差，則此事件發生的機率為何？

(A) 95.46%　　　　(B) 99.99%　　　　(C) 68.26%　　　　(D) 97.94%

9. Mark Company 執行資訊系統建構案，在執行到預計工期 50% 的時候，發現仍然未達成此階段應取得的實獲值（Earned Value），且多做了許多不屬於合約項目內容的功能。關於這個資訊系統建構案面臨的事件，以下描述何者為非？

(A) 此專案發生鍍金（Cold-plating）的情形

(B) 此專案之時程績效指標 SPI<1

(C) 此專案因為多執行了合約項目以外內容，可促成團隊獲利

(D) 此專案之時程變異 SV<0

10. 在控制品質階段，若一個專案合理進行，其管制圖縱座標指標由上而下的排序應該為何？

a. 中心線　b. 上規格界限　c. 下規格界限　d. 上管制界限　e. 下管制界限

(A) bdeca　　　　　(B) cbaed　　　　　(C) deacb　　　　　(D) bdaec

11. 關於控制品質（Control Quality）和管理品質（Manage Quality）的描述，以下何者錯誤？

(A) 在控制品質的階段，會將管理品質階段掌握的資料回饋給利害關係人

(B) 管理品質的目的在於將品質管理計畫轉換，使得該計畫能夠納入組織規劃的品質政策並據以執行

(C) 控制品質階段需進行交付物的驗證，做為確認範疇（Validate Scope）的投入提供顧客驗收

(D) 控制品質的目的在於驗證交付物，達成驗收的目的

12. 您是專案經理正在執行寵物飼料製造專案，過程中出現 50 件不良品，其中包裝袋破損有 12 件、飼料潮濕有 16 件、商品重量不足有 7 件、包裝封面褪色有 15 件，將前述產品生產出現的缺點繪製成柏拉圖，以下何者錯誤？

(A) 柏拉圖最右側為「商品重量不足」項目

(B) 共有 3 項缺點會呈現在柏拉圖上

(C) 前 3 項缺點的累績百分比為 86%

(D)「飼料潮濕」為必須優先改善的項目

13. 您是鉛筆製造商，你們公司對產品規格的定義為 5.0 ± 0.05 公克，品質管理抽樣時 6 組產品重量分別為 5.10、4.96、4.95、5.02、4.97、5.02，以下描述何者為非？

(A) 重量 5.10 之產品已超過規格界限

(B) 管制界限通常訂定為距離平均值之正負三倍標準差

(C) 重量在管制界限和規格界限內之商品，仍可交付給顧客

(D) 規格界限一般在管制界限內

14. 最佳化設計的目的為何？

(A) 判斷問題的根本原因

(B) 由內部或外部人員稽核，判斷專案活動是否符合政策

(C) 提升績效並讓顧客滿意

(D) 確認產品是否符合文件化的標準規定

15. 以下何者屬於鑑定成本（Appraisal Cost）？

(A) 品質規劃　　　　(B) 測試用品　　　　(C) 機器故障　　　　(D) 調查分析

MEMO

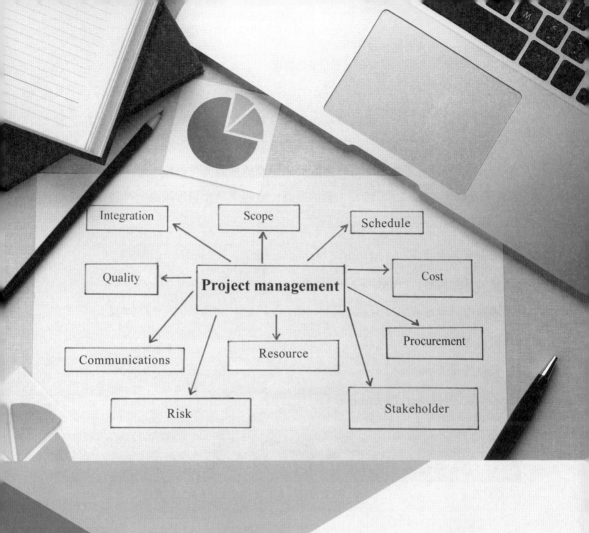

06

專案資源管理
Project Resource Management

　　為了促進專案成功，要去識別、獲得及管理專案所需的資源，並且要在正確的時間與地點獲得正確的資源。專案資源管理這個知識領域，包含六個管理內涵，一開始規劃資源管理與估計活動資源是屬於規劃流程群組，接下來三個管理內涵屬於執行流程群組，包含：獲得資源、發展團隊和管理團隊，最後一個控制資源是在監控流程群組，介紹如下：

6.1 規劃資源管理（Plan Resource Management）

6.2 估計活動資源（Estimate Activity Resources）

6.3 獲得資源（Acquire Resources）

6.4 發展團隊（Develop Team）

6.5 管理團隊（Manage Team）

6.6 控制資源（Control Resources）

流程群組 知識領域	起始 （I）	規劃 （P）	執行 （E）	監控 （C）	結案 （Closing）
6. 資源管理		6.1 規劃資源管理 6.2 估計活動資源	6.3 獲得資源 6.4 發展團隊 6.5 管理團隊	6.6 控制資源	

專案資源管理的架構圖說明如下：

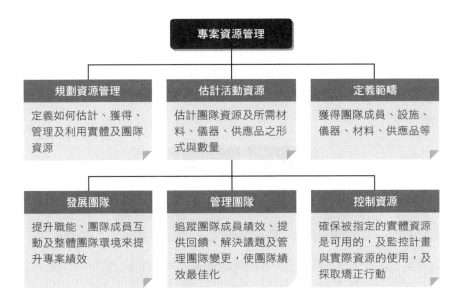

專案資源管理

- **規劃資源管理**：定義如何估計、獲得、管理及利用實體及團隊資源
- **估計活動資源**：估計團隊資源及所需材料、儀器、供應品之形式與數量
- **定義範疇**：獲得團隊成員、設施、儀器、材料、供應品等
- **發展團隊**：提升職能、團隊成員互動及整體團隊環境來提升專案績效
- **管理團隊**：追蹤團隊成員績效、提供回饋、解決議題及管理團隊變更，使團隊績效最佳化
- **控制資源**：確保被指定的實體資源是可用的，及監控計畫與實際資源的使用，及採取矯正行動

6.1 規劃資源管理（Plan Resource Management）

規劃資源管理旨在定義如何估計、獲得、管理及利用實體（Physical）及團隊資源，並依據專案的形式與複雜度，來建立管理專案資源所需之方法及管理需求的層級。其目的在確保成功完成專案所需足夠的資源（Sufficient Resources）是可利用的（Available），其中資源包括團隊成員、設備、材料、供應品（Supplies）、服務及設施（Facilities），稀少的（Scarce）資源更要妥適規劃。專案的資源可由內部組織資產（內調）獲得，或由專案採購管理（第 9 章）向外部取得（外聘或委外）。

> **輕鬆口訣**
> 規劃是 How（如何）的問題，也就是：找方法，訂程序。
> 規劃要產生計畫，規劃 OO 管理，產生 OO 管理計畫。

針對本管理內涵重要的依據文件、工具與技術、及成果產出説明如下：

1. 階層圖（Hierarchical Charts）

常見的階層圖包括工作分解結構（WBS）（請參閱 2.4 節）、組織分解結構（OBS, Organizational Breakdown Structure）、資源分解結構（RBS）（請參閱 6.2 節），都是屬於科層式樹狀結構，如下圖所示：

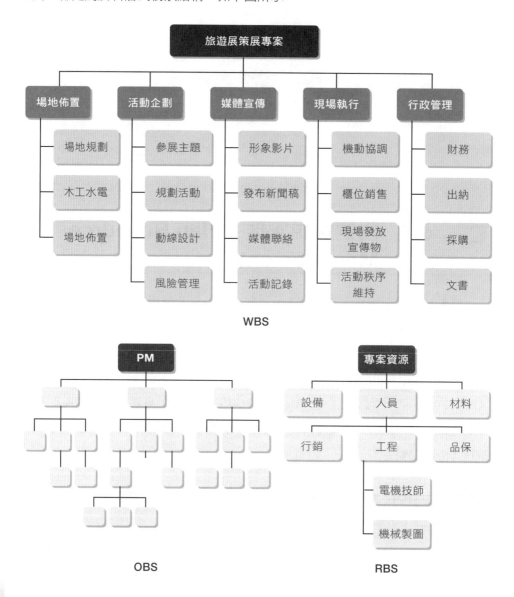

2. 責任分派矩陣（RAM, Responsibility Assignment Matrix）

責任分派矩陣（RAM）通常以「**RACI**」代表團隊成員中的四種角色，分別是：

R：Responsible（負責承辦）

A：Accountable（當責主管審查）

C：Consult（事先諮詢）

I：Inform（事後通知）

故責任分派矩陣（RAM）又稱為「**RACI 矩陣**」或稱「**當責矩陣**」，請讀者練習下方的 [小試身手 1]。

 小試身手 ①

RACI 矩陣演練：

1. 概念設計由張三與李四負責承辦，完成後，由王五當責審查，再通知杜六及于七。
2. 細部設計由杜六負責承辦，在設計前，請先行與張三進行事前諮詢，完成後，由李四當責審查，再通知于七、王五。
3. 打樣試製由于七負責承辦，事前需向張三、李四諮詢，並由杜六當責審查後，通知王五。
4. 組裝測試，請讀者自行設計排定。

活動	張三	李四	王五	杜六	于七
概念設計					
細部設計					
打樣試製					
組裝測試					

3. 文字導向形式（**Text-oriented formats**）

　　另一種則為團隊成員責任的詳細描述，可採用文字形式（如右圖），稱為職位說明書（Position Descriptions）、工作說明書（Job Descriptions）或角色 - 責任 - 授權表（Role-Responsibility-Authority）。

```
角色 _____
責任與工作項目 _____
_____
_____
授權 _____
_____
```

4. 組織理論（**Organizational Theory**）

　　應用經過多年實務驗證的組織理論，可縮短規劃資源管理流程產出所需之時間及成本，以改善規劃效率。請參閱本章最後面的補充資料，內有組織理論的補充說明與解析。

　　最後本管理內涵會產出：

5. 資源管理計畫（**Resource Management Plan**）

(1)　資源的識別（Identification Of Resources）。

(2)　如何獲得資源（Acquiring Resources）。

(3)　角色與責任（R&R, Roles and Responsibilities）。

(4)　專案組織圖（Project Organization Charts）。

(5)　專案團隊資源管理（Project Team Resource Management）。

(6)　訓練需求（Training）。

(7)　團隊發展（Team Development）。

(8)　資源控制（Resource Control）。

(9)　表揚計畫（Recognition Plan）。

6. 團隊章程（Team Charter）

在專案早期建立，可強化共識、增進向心力、避免誤會及提高生產力，包括：團隊價值、溝通守則、決策制定準則與衝突解決、流程、會議守則、團隊協議等，實務上，可透過召開「**起始會議（Kick-off Meeting）**」來建立。起始會議可想成授旗典禮、破土典禮或誓師大會，代表專案要正式開始了。

6.2 估計活動資源（Estimate Activity Resources）

本管理內涵係估計團隊資源及所需材料、儀器、供應品之型式（Type）、數量（Quantities）及特性（Characteristics），以利執行專案工作，可依需要於專案執行中定期（Periodically）實施。因為活動資源會影響專案成本，因此本管理內涵與 4.2 估計成本密切相關，如汽車設計團隊需要了解最新之組裝技術，故可能需要聘請顧問、派設計師參加研討會或納入製造成員加入團隊中，而這些措施，都必須預估需要花費的成本。

針對本管理內涵一些重要的觀念說明如下：

1. 各種估計的方法

在 3.4 估計活動工期及 4.2 估計成本等兩個管理內涵，都已介紹過，現在整理其精髓如下：

(1) 由下而上估計（**Bottom-Up Estimating**）：就是「**加總**」。

(2) 類比估計（**Analogous Estimating**）：就是「**由上而下估計**」，在「**早期**」缺乏資訊時使用，類似於「**分配**」，或參考其他類似的專案，「**借我抄一下**」。（此估計法比較不準確）。

(3) 參數估計（**Parametric Estimating**）：依據「**歷史資訊的公式**」來估計。

2. 資源需求（Resource Requirements）

是本管理內涵主要的產出之一，識別專案工作包或活動所需要資源的型式及數量，也可以做成一張表單，然後再往上聚合（Aggregated）至工作包（Work Package）層級，再往上到工作分解結構（WBS）分支，最後到最高的專案層級。另外也可包括決定資源型式時的假設（Assumptions）、可用性（Availability）及需求的數量（Quantities）等資訊。

3. 估計的基礎（Basis of Estimate）

就是資源需求的補充資料。請參閱 3.4 與 4.2，有介紹專案工期與成本之估計的基礎。

4. 資源分解結構（RBS, Resource Breakdown Structure）

資源分解結構是依資源型態分類的資源階層（Hierarchical）結構，它是專案分解結構的一種，並可以透過彙總的方式向更高一層彙總資源需求與資源可用性，如下圖所示：

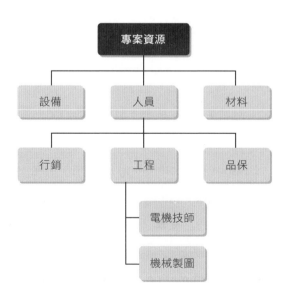

6.3 獲得資源（Acquire Resources）

獲得資源是要確實獲得團隊成員、設施、儀器、材料、供應品等。本管理內涵旨在指導資源的選擇及指派至相對應的活動。本管理內涵若有需要可定期執行，另外專案資源可由執行組織之內部或外部獲得，內部的話，由功能經理或資源經理提供（內調），外部資源則由專案採購管理（第 9 章）獲得（外聘或委外）。在矩陣型組織的狀況下，專案經理或專案管理團隊要能與影響提供所需團隊或實體資源職位的人有效地協商，如無法獲得所需資源，則會影響專案時程、預算、顧客滿意度、品質及風險，並會降低專案成功之可能性；倘若未獲得所需資源，則要指派備選資源。

針對本管理內涵重要的依據文件、工具與技術、及成果產出說明如下：

1. 先行指派（Pre-assignment）

先行指派就是如同「**班底**」或已事先指定適合的人選，是專案團隊的「**核心**」。

2. 人際與團隊技巧（Interpersonal and Team Skills）（屬於軟技巧 -Soft Skill）

運用協商（Negotiation）技巧，與功能經理（如「**內調**」）、稀少資源（如公司只有一台測試儀器），或與外部組織或供應商協商。若協商更進一步進展到「**談判技巧**」，請參見 9.2 執行採購的說明。

3. 決策制定（Decision-Making）

多準則決策分析（Multi-criteria Decision Analysis）於 2.2 節介紹過類似的方法，因為資源的獲得要考量多面向的適用性，如可用性（Availability）、成本（Cost）、能力（Ability）、經驗（Experience）、知識（Knowledge）、技能（Skill）、態度（Attitude）及國際因素（International Factors）等，由以上多重的條件來篩選與評比尋找合適的專業人才，故有點類似「**外聘**」或委外辦理。

知識（Knowledge）、技能（Skill）、態度（Attitude），此三項合稱「**KSA 職能（Competencies）模式**」。目前正由勞動部勞動力發展署推動中，請上 iCAP 職能發展應用平台查詢。

4. 虛擬團隊（Virtual Teams）

「**不在一起工作，但目標一致**」，例如跨地區或跨國團隊在不同地點工作或三班制在不同時段工作等均屬之，甚或職棒的啦啦隊員們，當球員在球場上揮汗如雨時，啦啦隊在看臺上幫我隊加油，也是「不在一起工作，但目標一致」的案例，這些都可稱為虛擬團隊。近期，因為科技快速發展，虛擬團隊已轉型成為達成共同利益而透過網路等傳播科技來進行跨地區的合作模式，讓企業在挑選以及保留人才的彈性增加，虛擬團隊的成員可以運用電子傳播等媒體進行互動與合作，例如召開視訊會議、利用雲端平台如 Google、Trello 或傳發 E-mail、LINE 等。

5. 若以專案的人力資源為例，本管理內涵就是專案團隊「人才招募」

可將上述四項工具，依其核心層次，由內圈到外圈，整理如下圖所示：

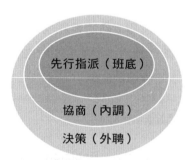

先行指派（班底）

協商（內調）

決策（外聘）

虛擬團隊：
不在一起工作，但目標一致

6. 實體資源指派（**Physical Resource Assignments**）

記錄專案實體資源，如設備、材料、供應品及地點的文件。

7. 專案團隊指派（**Project Team Assignments**）

專案團隊指派是記錄專案團隊的角色與責任（R&R），相關名冊、組織圖、時程等，可納入專案管理計畫中。白話來說也就是適當人員被指派到專案工作，一個蘿蔔一個坑。

 輕鬆D訣　專案團隊指派就是：一個蘿蔔一個坑。

8. 資源行事曆（**Resource Calendars**）

識別工作天、班表（Shifts）、上班開始與結束時間、週末、國定假日的資源可用性，也要說明已被指定的團隊成員或實體資源，何時可以開始服務。產生的資源行事曆要送去 3.4 估計活動工期做為投入，這是符合邏輯的，因為活動工期與資源有著密切相關，資源越充足，工期越短；資源越缺乏，工期越長。

輕鬆D訣　資源行事曆產生後，要送去：3.4 估計活動工期。

6.4 發展團隊（**Develop Team**）

發展團隊要提升職能、團隊成員互動及整體團隊環境來強化專案績效。本管理內涵的目的在於「**1+1>2**」，主要包括下列各項：

- 提高團隊合作（Teamwork）及向心力（Cohesiveness）。
- 強化人際溝通技能（Interpersonal Communication Skills），也就是軟技巧（Soft Skill）。
- 強化領導（Leading）與激勵員工（Motivate Employees）。

- 降低耗損（Attrition）及離職率（Turnover Rate）。
- 有效授權、賦權（Empower）及協同決策（Collaborative Decision Making）。
- 運用團隊成長（Team-Building）來提升整體專案績效。

針對本管理內涵一些重要的專有名詞說明如下：

1. 集中辦公（Colocation）

例如「**專案辦公室（War Room）**」，類似軍隊中的戰情室，進行沙盤推演，了解敵我目前位置、資源佈建及下一步的策略等。有時公司也會運用會議室（Meeting Room）擺設專案時程表、最新進度（甘特圖）、要徑、組織圖、資源分解結構（RBS）、專案績效實獲值分析（EVA）等，這也可稱為專案辦公室。

2. 衝突管理（Conflict Management）

衝突的來源包括稀少的資源、時程的優先順序及個人工作風格，因此制定團隊行為守則（Team Ground Rule）、團隊規範及具體的溝通規劃及角色定義等，可以降低衝突。成功的衝突管理可提高生產力及增進工作關係，且衝突要在發生「**早期**」就處理，要用「**私下的**」、「**直接的**」及「**協同的**」方式處理，若破壞性的衝突持續發生，則要運用正式的程序，如祭出紀律行動（Disciplinary Actions）等。

3. 影響（Influencing）

包括：說服（Persuasive）能力、清楚的論點（Articulating Points）、主動與有效地聆聽技巧（Listening Skills）、所有情況的了解與考量、蒐集相關資訊、說明議題、達成協議及維持相互信任（Mutual Trust）等。若是主管，當然要善用影響力，但若是部屬，可以把影響想成當一個好的「地下總司令」，做為意見領袖，向上級提出良性的建議。

4. 團隊成長（Team-Building）

有各種型式，從 5 分鐘的現況審查會議、一起建立 WBS，或到戶外（Off-Site）進行的人際關係成長活動等都算是。若團員不在一起工作時（Operate From Remote Locations）（如虛擬團隊），團隊成長更為有價值（Valuable），可以非正式的溝通與活動來增加彼此的信任及促進良好的工作關係。

5. 表揚與獎賞（Recognition and Rewards）

最初始的表揚與獎賞計畫在發展資源管理時，就應該在資源管理計畫中律定。員工覺得在組織有價值時，會受到激勵，這些價值可運用表揚與獎賞來實現。一般而言，金錢是有形的獎賞，但有時無形的獎賞更為有用，如員工進修成長的機會、完成工作的成就感、被稱讚、應用專業技能創新或克服挑戰等。

只有做出真正好的事情才允許被獎賞，例如完成了某項艱鉅的任務，但若是發生疏失，造成加班趕工，則不能給予獎賞。獎賞不能人人有獎（如選拔每月最佳員工），要獎勵真正應該獎勵的員工，好的獎勵策略是：在整個專案進行期間表揚與獎賞比只有在專案結束時才有來得好，若在跨國集團工作時，獎賞要留意文化差異（Cultural Difference）。

6. 個人及團隊評估（Individual and Team Assessments）

個人及團隊評估是一種工具，主要給專案經理及專案團隊洞察力（Insight），探討優勢（強項）與劣勢（弱項）之處。專案經理可透過此工具評估團隊績效、鼓勵（Aspiration）、評估資訊處理、決策制定模式及團隊互動（Interact）的成效等。可利用的工具包括：態度調查、特殊評估、結構式訪談、能力測驗、及焦點團體法等，可以強化團隊成員間之了解、信任、允諾、團隊溝通，以及於專案執行期間促進團隊之生產力。

7. 團隊績效評估（Team Performance Assessments）

是本管理內涵最重要的產出，可以改善技能（Skills）以增加執行工作的效果（Effectively）、強化員工職能（Competencies），以利團隊合作（Teamwork）、降低離職率（Turnover Rate）、及提升團隊向心力（Cohesiveness）等。

進行「個人及團隊評估」，產生「團隊績效評估」。就是幫專案成員「打考績」或進行績效評鑑。

深度解析 ❶

發展團隊的五個階段（也稱為塔克曼階梯），包含：

1. 形成期（Forming）：團隊成員會合，開始了解自己的角色和職責。
2. 激盪期或風暴期（Storming）：開始處理專案工作，有時會有意見上的分歧，必須進行釐清和討論。
3. 規範期（Norming）：開始共同工作並調整彼此工作習慣和態度，學習彼此信任。
4. 執行期（Performing）：團隊可以良好運行，以團隊合作的方式讓專案團隊發揮效益。
5. 終止期（Adjourning）：專案工作完成並交付專案成果，成員回到原來的工作崗位或加入新組建的團隊中。

6.5 管理團隊（Manage Team）

管理團隊就是「任用管理」，要追蹤團隊成員績效、提供回饋、解決議題及管理團隊變更，使團隊績效最佳化。本管理內涵旨在：影響團隊行為、管理衝突及解決議題，且要在專案全程執行。專案經理要有好的領導力、溝通力、激勵力、及衝突解決力，來促使團隊成員創造高的績效，在矩陣型組織（Matrix Organization）中，專案成員需同時面對專案經理及功能經理，這樣的情況需要

特別注意雙重報告關係（Dual Reporting Relationship）（又稱 2-boss），因此管理專案團隊非常重要，且是專案經理的責任。

針對本管理內涵重要的依據文件、工具與技術、及成果產出說明如下：

1. 決策制定（Decision Making）

以目標為焦點、遵循決策制定程序、研究環境因素、分析可用資訊、激勵團隊創意、並且關注風險議題，進而達成共識，做出正確決定。

2. 情緒智商（Emotional Intelligence）

就是提高「EQ」，要識別、評估、管理、控制個人或他人情緒，來降低壓力，增進合作（包括：了解關切，期望行動、追蹤議題）。

3. 領導（Leadership）

專案經理的領導能力非常重要，其主要工作是引導團隊、鼓勵（Aspire）團隊，完成任務。領導在專案的任何生命週期的階段，都很重要。

> 領導的模式可分為獨裁式、民主式、放任式等三種。
> 成功的領導：不是你去做，而是跟我來。

4. 執行與監控的關係

雖然本管理內涵是屬於「執行」流程群組，但是執行與監控是分不開的，因此有許多執行流程群組的產出，也有監控流程的影子，與「標準監控流程群組的產出」相比，只是少了「工作績效資訊（WPI）」。本管理內涵的產出主要就是變更請求、文件更新（包括專案管理計畫與專案文件更新），值得一提的是，還有企業環境因素（EEF）的更新，主要是持續更新於管理團隊要運用到的人力資源相關的機制與系統。

6.6 控制資源（Control Resources）

　　控制資源是屬於典型的監控流程群組，要在專案全程實施，包括所有的專案階段及整個的生命週期間。需要確保被指定的實體資源是可用的（Available），全程監控計畫與實際資源的使用，必要時採取矯正行動，並同時確保指定的資源在正確的時間、地點、有足夠的數量可以運用，且在不需使用時，則適當地被釋出（歸建）（歸還）（Released）。本管理內涵重點在實體資源，若為團隊成員，請參見 6.5 管理團隊。

　　針對本管理內涵一些重要的觀念說明如下：

1. 控制資源是屬於「監控」流程群組

　　因此投入包括：工作績效資料（WPD）及專
案管理計畫（主要是資源管理計畫）。

監控就是「績效」與「計畫」做比較。

2. 監控流程群組的產出

　　各知識領域的最後一節通常是「**控制 OO**」，是屬於監控流程群組，筆者觀察到它們的產出有著「共同的特色」，可稱為「**標準監控流程群組的產出**」包括：

(1) **工作績效資訊（WPI）**：是 1.3 指導與管理專案工作所產生的「半成品」-工作績效資料（WPD），經過整理後成為有用的資訊，要送去 1.5 監控專案工作。

(2) **變更請求**：包括預防行動、矯正行動及缺點改正，要送去 1.6 執行整合變更控制（ICC），由變更控制委員會（CCB）進行審查。

(3) **專案管理計畫更新。**

(4) **專案文件更新。**

小試身手 ②

請完成本章各管理內涵的配合題：

6.1 規劃資源管理	（　）	(A) <u>提升</u>職能、團隊成員互動及整體團隊環境來提升專案績效
6.2 估計活動資源	（　）	(B) <u>追蹤</u>團隊成員<u>績效</u>、提供回饋、解決議題及管理團隊變更，最佳化團隊績效
6.3 獲得資源	（　）	(C) <u>估計</u>團隊資源及所需材料、儀器、供應品之形式與數量
6.4 發展團隊	（　）	(D) <u>確保</u>被指定的實體資源是可用的，及監控計畫與實際資源的使用，及採取矯正行動
6.5 管理團隊	（　）	(E) 定義<u>如何</u>估計、獲得、管理及利用實體及團隊資源
6.6 控制資源	（　）	(F) <u>獲得</u>團隊成員、設施、儀器、材料、供應品等

小試身手解答

①

活動	張三	李四	王五	杜六	于七
概念設計	R	R	A	I	I
細部設計	C	A	I	R	I
打樣試製	C	C	I	A	R
組裝測試					

② E, C, F, A, B, D

 **補充說明**

在本章的最後，我們整理了在專案資源管理中帶領團隊的權力的種類、衝突解決的方式，及很重要與實務可行的激勵理論。

1. 權力的種類（Types of Power）

(1) 正式的（**Formal**）權力：來自組織正式的職位。

(2) 獎勵的（**Reward**）權力：獎勵績效卓越的團隊成員。

(3) 懲罰的（**Penalty**）權力：適度的懲罰還好，但是過度的懲罰，會破壞團隊的和諧。

(4) 專家的（**Expert**）權力：具備高度專業知識，能讓部屬信服，願意自發來服從。

(5) 參照的（**Referent**）權力：對於管理者高度崇拜（如專案經理是彼得杜拉克）或尊敬（專案經理是老闆的小舅子，背後一隻老虎），所以尊重其領導。

在大多數的情況下，最希望專案經理是以「**專家的權力**」來帶領團隊。

2. 衝突解決（Conflict Solving）的方式

(1) 撤退（**Withdraw**）/ 迴避（**Avoid**）：暫時性權宜，雙方從衝突中暫時退出。

(2) 調和（**Smooth**）/ 和解（**Accommodate**）：強調雙方共同性來解決問題，只是暫時的緩解。

(3) 強制（**Force**）/ 指示（**Direct**）：如同「**我說了就算**」，這是較不好的方法，一方獲勝，另一方失敗。

(4) 妥協（**Compromise**）/ 和好（**Reconcile**）：雙方各讓一步來解決衝突，有時也會雙輸（Lose-Lose）。

(5) 協同（**Collaborate**）：將多方意見整合，以達共識（Consensus）。

(6) 面對（**Confrontation**）/ 問題解決（**Problem Solving**）：分析問題，提出問題解決方案，並驗證之，請參閱 5.2 節。

最適當的衝突解決方式就是「**面對**」問題、解決問題。

3. 馬斯洛需求層次理論（Maslow's Hierarchy of Needs Theory）

從低層次到高層次依序分別是：生理需求（Physiological）→安全需求（Safety）→社交需求（Social）→自尊需求（Esteem）→自我實現（Self-Actualization），如下圖所示。馬斯洛研究發現，人們一旦低層次的需求得到滿足，這項需求就不再是激勵因子，而會往上一個層次去需求，就會成為新的激勵因子。

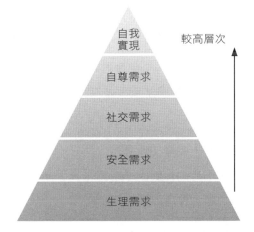

4. 麥克格勒格爾理論（McGregor's Theory）

道格拉斯・麥克格勒格爾（Douglas McGregor）研究工人的行為，提出兩種模式：X 理論與 Y 理論，來闡述不同的管理者（如專案經理）如何對待他們的團隊成員。

(1) **X 理論**：認為大部分的員工都不喜歡工作，且會試著逃避工作（偷懶），因此，連員工休息的時候，也要監督他們。X 理論的管理者比較像獨裁者，他們相信只有懲罰、獎金或升職，才能激勵員工。

(2) **Y 理論**：認為在給予適當激勵與期望之下，人們會盡力去表現。這些管理者相信員工會有創意且會承諾對專案任務的負責。管理者只要支持他們的團隊、關心團隊成員的身心，而且只需適度監督即可。

輕鬆口訣

X 理論：人性本惡   Y 理論：人性本善

5. 海茲伯格理論（Hertzberg's Theory）

為海茲伯格所提出的，又稱為激勵 - 保健理論（Motivator-Hygiene Theory），他認為有二種因子對激勵有貢獻：

(1) **保健因子**：處理工作環境有關的問題，只能防止不滿意的產生。例如：薪資、勞健保。

(2) **激勵因子**：處理工作本身的成就感，及在工作中會得到滿意度。例如：獎金、升遷。

要注意的是：保健因子不能增加滿意度，而只能防止不滿意；但是激勵因子可以帶來滿意度。此外，不良的保健因子會影響員工動機，而好的因子則會增加良性的動機。上述理論內涵，整理如下表所示：

	具備	不具備	案例
保健因子（當然品質）	還好	不滿意	薪資、勞健保
激勵因子（魅力品質）	很滿意	還好	獎金、升遷

6. 麥克來藍德成就動機理論（McClelland Achievement Motivation Theory）

也稱為三需求理論（Three Needs Theory），他認為員工因三項需要而受到激勵：成就、權力與歸屬感。

(1) **成就追求（Need for Achievement）**：想要超越別人，追求名譽、財富或成功的需求。

(2) **權力需求（Need for Power）**：領導團隊或影響組織或他人行為的需求。

(3) **歸屬需求（Need for Affiliation）**：屬關係導向，簡單說就是：愛與被愛，是讓他人喜歡和接受的需求。

一般認為，最佳管理者是高權力需求與低歸屬需求者。

7. 期望理論（Expectancy Theory）

對正面結果的期望可產生激勵，如一個人想要買房子，就會努力工作去賺錢；或者一個學生想要得到好成績，就會努力去唸書。一個管理者若是能描繪願景，激勵員工去達成，讚美員工是有價值的貢獻者，就會塑造一個高績效專案團隊。反之，若管理者公開批評員工，對他們的期望不高，他們也就是表現平平。

1. 由你擔任專案經理的專案接近尾聲，已進入工期的最後兩個月，此次專案團隊成員們
   盡心盡力讓一切步上正軌，甚至比原定計畫提前。此時一位部門經理通知你，因為有
   新的專案要馬上開始，所以你管理的專案最後兩個月的人力會被調走三名、經費也將
   會被刪減 50%，而新專案的專案經理為董事會成員的親戚。依據你的專業判斷，這個
   新的專案重要性並不在你的專案之上，在這種突發狀況下，身為專案經理的你，應如
   何反應才是最好的方法？
   (A) 向上級主管協調借調人員何時可回歸
   (B) 動用預備金外包，將此專案依照原來的預算和人力完成
   (C) 向其他專案借調人員
   (D) 向專案管理辦公室提出各專案優先排序的要求

2. 專案經理史蒂芬妮的職責在於確保專案可以得到完整的資源，目前她所需要的資源包
   含了教材編列所需的經費、人員培訓計畫、聘請講師的費用等內容，請問規劃此計畫
   時，以下哪項「不是」這個活動的投入文件（Input）？
   (A) 過去的歷史資料　　　　　　　　(B) 專案組織圖
   (C) 專案章程　　　　　　　　　　　(D) 專案時程

3. 專案經理必須替團隊爭取到資源、人力，和儘可能多的時間，以利專案的推行，以下
   何者不是專案經理在爭取資源的時候可以使用方法或提交的文件？
   (A) 鑑別活動屬性並予以分類　　　　(B) 備齊時程資料
   (C) 依活動別把資源需求量化　　　　(D) 指導資源分配

4. 目前你所參與的專案團隊規劃之期程如下圖，英文字母是活動的名稱，方塊上的天
   數是預計執行的期程，由於客戶的要求你必須將目前的資源調動到另一個重要專案支
   援，在此情況下你會選擇哪項活動進行資源的調動？

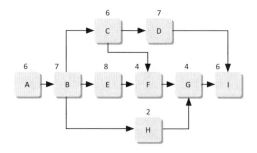

   (A) 活動 A　　　　　(B) 活動 B　　　　　(C) 活動 C　　　　　(D) 活動 G

5. 總經理委託你籌備一個緊急專案，由你擔任專案經理，必須負擔專案計畫書的撰寫和人力資源的協調。當你完成人力資源規劃並經過總經理確認後，你開始和各部門經理協調人員調派，以符合專案的任務屬性，但某部門經理卻以部門正在重新組建等理由拒絕你，眼看再這樣下去將導致專案時程延誤，請問下列何者可能是無法獲得協助的原因？

(A) 重新修改專案計畫書以更符合總經理的期望

(B) 專案計畫書之網路圖時間階段有誤

(C) 專案未包含專案章程，且該部門經理沒有參與此計畫書之審核

(D) 工作分解結構不夠完整

6. 有關專案資源管理這項知識領域中各個管理內涵的順序，應如何排列才是合理的？

a. 發展團隊　b. 規劃資源管理　c. 獲得資源　d. 管理團隊

(A) b-c-a-d　　　　(B) b-d-c-b　　　　(C) a-b-c-d　　　　(D) b-c-d-a

7. 專案經理必須善用人際關係與團隊技巧，在不同階段以專案效益最佳化為目的進行管理和溝通，請問發揮「影響（Influencing）」是哪個管理內涵會運用到的工具？

(A) 管理團隊　　　(B) 規劃資源管理　　(C) 獲得資源　　　(D) 估計活動資源

8. 「人生為了什麼而活？」「人類要獲得什麼才會滿意？」為了了解這樣的人生難題，馬斯洛提出了需求層次理論（Maslow's Hierarchy Of Needs Theory），因為與人的心理有關，故有時被運用在人力資源管理和動機的釐清部分，以下何者是馬斯洛需求層次理論的「最高的層次」？

(A) 社交需求　　　(B) 生理需求　　　(C) 自我實現　　　(D) 自尊需求

9. 心理學的理論有時會被使用在人力資源管理上，以下關於麥克格勒格爾理論（McGregor's Theory）和海茲伯格理論（Hertzberg's Theory）的描述，何者錯誤？

(A) 麥克格勒格爾理論認為，有適當的期望和鼓勵，人們會認為對工作盡心盡力是有趣的

(B) 海茲伯格理論認為，工作中的保健因子（Hygiene）只能防止員工心裡不滿意

(C) 海茲伯格理論認為，工作中的激勵因子（Motivator）能為員工帶來滿意的感覺

(D) 麥克格勒格爾理論認為，大部分的人都是喜歡工作的

10. 何者為專案經理在執行專案時可適用各種權力，以促進專案以更有效率的方式推動，其中 PMI 最支持應該使用的權力為何？

(A) 正式的權力　　　(B) 獎勵的權力　　　(C) 懲罰的權力　　　(D) 專家的權力

11. 團隊的形成就像從小到大結交朋友的過程，必須經過成員彼此認識、取得共識和信任，共同執行任務直至結案。身為一位專案經理，你一首組建的的團隊目前已經可以有紀律的以組織良好的團隊形式解決問題，成員彼此互助且有效率，請問你的團隊處於哪個階段？

(A) 形成期　　　(B) 風暴期　　　(C) 執行期　　　(D) 終止期

12. 有一個專案因為執行不力，撤換了專案經理。公司指派你擔任專案經理，你想要查證哪些工作項目或活動由誰承辦或負責審查，請問這份文件的名稱？

(A) 資源管理計畫　　　　　　　　　(B) RACI 矩陣
(C) 資源分解結構（RBS）　　　　　(D) 團隊績效評估

13. 關於發生衝突的解決辦法，以下描述何者正確？

(A) 最好的方法是強制（Force）裁決一方獲勝、一方失敗
(B) 妥協和好（Compromise/Reconcile），使得雙方各讓一步，相敬如賓
(C) 調和（Smooth）透過強調雙方的共通性減緩衝突，天下無大事
(D) 面對問題（Confrontation），藉由分析問題，提出問題解決方案

14. 你是演唱會行銷專案的專案經理，由於年底是旺季，致使專案的數量大增。公司的規定，一個專案除了專案經理之外，「禁止」聘用超過兩位的員工，但經過你的評估這個專案需要六位人力，身為專案經理的你應該如何處理？

(A) 使用虛擬團隊的方式完成工作　　　(B) 與人資經理再要求人力
(C) 將人力委外　　　　　　　　　　　(D) 與其他功能經理協商

15. 害怕衝突的產生，常常會導致沒有人敢說真話，長此以往對於組織來說是會阻礙進步的。隨著時代的演進，傳統（Traditional View）和現代（Contemporary View）對於衝突的發生和解決，漸漸有了不同的看法，以下描述何者錯誤？

(A) 傳統看法認為，衝突是由挑起紛爭的人找麻煩造成的
(B) 現代看法認為，衝突有其好處
(C) 傳統看法認為，應該避免衝突的發生
(D) 現代看法認為，面對衝突發生的解決辦法，就是壓制（Suppress）其發展

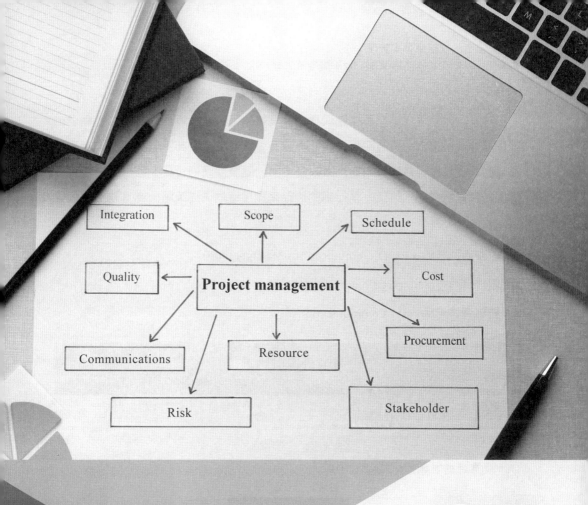

07

專案溝通管理
Project
Communications
Management

　　專案溝通管理就是為了要達成專案及利害關係人有效「資訊交換」的需求，確保能適時且適當地將專案相關資訊予以產生、收集、發布、儲存、檢索及最終處理的管理程序及方法。包括兩大部分，第一是發展溝通策略，確保資訊會有效提供給利害關係人，第二是執行相關活動來實踐這個溝通策略。本章包括三個管理內涵：

7.1 規劃溝通管理（Plan Communications Management）

7.2 管理溝通（Manage Communications）

7.3 監督溝通（Monitor Communications）

流程群組 知識領域	起始 （I）	規劃 （P）	執行 （E）	監控 （C）	結案 （Closing）
7. 溝通管理		7.1 規劃溝通 管理	7.2 管理溝通	7.3 監督溝通	

　　專案溝通管理的架構圖說明如下：

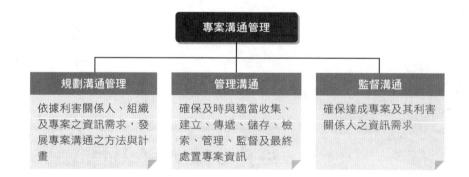

　　專案溝通管理的對象主要是針對利害關係人，而溝通是→透過方法傳遞訊息→得到回饋→從專案開始到結束都要→不斷修正。專案管理實務上，日商公司溝通方式：報（報告）→連（連絡）→商（商談）。

7.1 規劃溝通管理（Plan Communications Management）

　　規劃溝通管理主要就是依據利害關係人、組織及專案之資訊需求，發展專案溝通之方法與計畫。本管理內涵旨在有效果地（Effectively）及有效率地（Efficiently），且及時地（Timely）提供利害關係人相關資訊。規劃溝通在專案早期就要做，且要於專案進行中定期（Periodically）審查。

 規劃是 How（如何）的問題，也就是：找方法，訂程序。
規劃要產生計畫，規劃 OO 管理，產生 OO 管理計畫。

　　針對本管理內涵重要的依據文件、工具與技術、及成果產出說明如下：

1. 溝通需求分析（Communication Requirements Analysis）

　　旨在探討利害關係人的資訊需求，專案經理要考量專案溝通的複雜度，亦即「**溝通管道（Communication Channels）**」。例如：兩個人有 1 條溝通管道（我跟你），三個人有 3 條溝通管道（我跟你，我跟他，你跟他），而四個人有 6 條溝通管道（如下圖所示）。

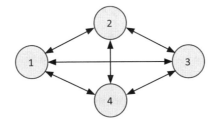

　　溝通管道的計算公式，如下所示：

$$公式：C_2^n = \frac{n \times (n-1)}{2}$$

其中 n 代表利害關係人的人數，若專案有 8 位利害關係人，則帶入公式，可得專案有 [(8*7)/2]=28 條溝通管道。

要識別利害關係人資訊與溝通需求（如 10.1 利害關係人登錄表及 10.2 利害關係人參與矩陣），計算溝通管道數量、了解溝通模式是一對一、一對多、還是多對多，並將組織圖（如 OBS 組織分解結構或 RACI 當責矩陣）繪出，還需找出專案組織及利害關係人責任與依存關係（先後次序），另外還包括掌握專案所需之訓練、部門及專業、物流（Logistics）（有哪些人參與？在何處）、內部及外部資訊需求，及法規需求等。

2. 溝通技術（Communication Technology）

(1) **溝通急迫性（The Urgency of The Need For Information）**：溝通需要經常更新資訊且立即通知，還是定期書面報告就已足夠？

(2) **技術可用性（The Availability of Technology）**：目前專案已建置的系統是否適當？或專案需要再確認變更？

(3) **容易使用（The Ease of Use）**：確認所使用的溝通方法適合本專案，且有提供適當的人員訓練。

(4) **專案環境（The Project Environment）**：是在一起工作（War Room），還是虛擬環境（Virtual Team），會對溝通的型態與方式造成影響。

(5) **資訊的敏感性及機密性（Sensitivity And Confidentiality of The Information）**：識別資訊是否有機密性、其等級分類，並要提供保密的方法。

3. 溝通模式（Communication Models）

溝通是將訊息以及含義，經由不同方法或媒體，傳達訊息、觀念、態度等，並讓別人了解。巴納（Chester I. Barnard）曾說：「管理人員的首要作用，就是發展並維持溝通系統」，由此可知溝通在組織中的重要性，以下介紹溝通模式中術語的定義，及下圖所示：

(1) **編碼（Encode）**：編碼是指溝通發送人（Sender）將其所欲表達的想法，以某種符號或方式表現。編碼的方式很多，例如最常使用的文字和語言，也可以是圖畫或符號的呈現。

(2) **訊息（Message）**：訊息是發送人真正想要表達的內容，也稱之為溝通訊息。

(3) **傳遞型式（Medium）**：不管溝通者採取何種編碼方式，一般都可以經由不同的溝通管道，將所欲溝通的訊息傳達給接收人（Receiver）。傳遞型式就是「溝通媒介」，包括：口頭溝通、書面溝通和非語言的溝通，例如肢體語言等。

(4) **雜訊（Noise）**：外在的雜訊會「干擾」溝通的內容傳遞或造成誤解。

(5) **解碼（Decode）**：接收人是訊息傳遞的對象，但訊息被接收之前，訊息必須轉換成接收人能了解的形式，這種解釋的過程稱為解碼。

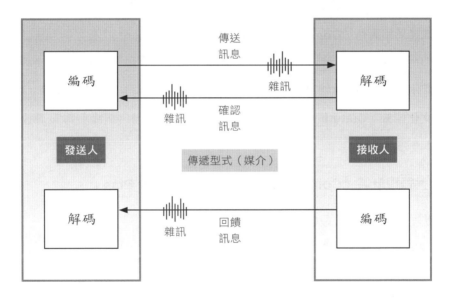

4. 溝通方法（Communication Methods）

就是與利害關係人分享資訊的方法，常見的有三種：

(1) 推式溝通（Push Communication）：將所需資訊送達對方。

(2) 拉式溝通（Pull Communication）：適用於大量資訊或多接收人時，由接收人主動進入（Access）溝通內容，如內部網路（Intranet）、電子學習（e-Learning）及知識庫（Knowledge Repositories）等。

(3) 互動溝通（Interactive Communication）：兩方或多方間或多方向間的資訊交換。

除此之外，專案經理還需熟悉的溝通方法還包括人際溝通、小組溝通、公共溝通、大量溝通及網路溝通等。

5. 人際與團隊技巧（Interpersonal and Team Skill）

(1) 溝通風格評估（Communication Styles Assessment）：要了解利害關係人的溝通偏好，可依據 10.2 利害關係人參與評估矩陣之落差來認知與改進。

(2) 政治認知（Political Awareness）：了解組織政策與專案環境之掌握。

(3) 文化認知（Culture Awareness）：了解個人、團體、組織對專案溝通策略的不同。

6. 溝通管理計畫（Communication Management Plan）

這是本管理內涵最重要的成果產出。其內容包含利害關係人溝通需求、資訊語言、格式、內容及詳細度，負責人、接收人、傳遞方法、溝通頻率，呈報流程（Escalation Process）運用於無法解決須呈報的問題，機密資料權限、溝通所需資源、資訊的流程圖、溝通管理計畫更新的方法及常用專有名詞詞彙及法規限制等。

輕鬆口訣

規劃要產生計畫，規劃溝通管理會產生溝通管理計畫。

深度解析 ❶

這邊提醒讀者，溝通時最好是聽大於說，多聽不同立場的意見，才能達到真正溝通的目的，如何產出一份溝通管理計畫書：可參考 5W+1（by who）、3H、1E 的原則：

1. 5W：
   - Why（為什麼做）：為什麼要這麼做？理由何在？原因是什麼？
   - What（做什麼）：目的是什麼？做什麼工作？
   - When（何時做）：什麼時間完成？什麼時機最適宜？
   - Where（在哪裡做）：在哪裡做？從哪裡入手？
   - Who（由誰做）：由誰來做？誰來完成？

2. +1：
   - by who（和誰一起做）：需要誰幫忙做？

3. 3H：
   - How（如何做）：怎麼做？如何做會更好？如何實施？做法是什麼？
   - How Many（數量是多少）：具體數量是多少？或可用 KPI 表示之。
   - How Much（成本是多少）：要花多少預算？金額是多少？

4. 1E：
   - Effect（效果）：會產生什麼效果（成果）。

補充說明

上述的 5W3H1E 也可運用目前很熱門的「曼陀羅九宮格法」來呈現「一頁式的專案溝通計畫」，讓所有的利害關係人都能了解專案的溝通需求。

7.2　管理溝通（Manage Communications）

　　管理溝通要確保及時和適當收集、建立、傳遞、儲存、檢索、管理、監督與最終處置專案資訊，本管理內涵旨在確保專案團隊與利害關係人間的資訊流（Information Flow）是有效果及有效率的。管理溝通就是發布資訊，要發布專案績效的資訊。

在這邊說明幾個有效的溝通管理方式：

■ 傳送接收模式（Sender-Receiver Models）。

■ 媒介選擇（Choice of Media）。

■ 寫作型式（Writing Style）。

■ 會議管理（Meeting Management）：會議資料準備、議題擬定、主持、決議與結論、跟催。

■ 簡報發表（Presentations Techniques）。

■ 促進技術（Facilitation Technique）。

■ 主動聆聽（Active Listening）：認知、分類、確認、了解，減少誤解及消除溝通障礙。

針對本管理內涵重要的依據文件、工具與技術、及成果產出說明如下：

1. 溝通技巧（Communication Skills）

(1) **溝通職能（Skill Competence）**：促進團隊關係、資訊分享與提升領導力。

(2) **回饋（Feedback）**：善用互動式及教導（Coaching）、輔導（Mentoring）及協商談判技巧，並得到接收人的溝通回應。

(3) **非語言（Nonverbal）**：如肢體語言、聲調、臉部表情、眼神接觸（Eye Contact）等。

(4) **簡報（Presentation）**：進度報告、提供背景資料來協助決策及其他強化簡報的技術。

2. 專案報告（Project Reporting）

收集與發布專案工作績效報告（WPR, Work Performance Report）（1.5），給適當的利害關係人，也可運用實獲值分析（EVA）的專案績效資訊。

PART 2

3. 專案溝通（Project Communications）

是本管理內涵最重要的產出，包括：績效報告（Performance Report）、交付物狀態（Deliverable Status）、時程進度（Schedule Progress）、已發生成本（Cost Incurred）及簡報（Presentations）等，也可運用「一頁式專案管理（OPPM）報告」來進行專案績效的展現，有利於專案的溝通。

深度解析 ❷

要提升溝通技巧，首重溝通形式的區分、了解與掌握，包含正式與非正式的（備忘錄或臨時性談話），書面與口頭、聽與說的，內部與外部的，及垂直式與水平式等。管理溝通目的在於建立與利害關係人有效率的溝通管道，管理溝通要能確實的執行才有意義，管理溝通更要確認資訊是否過當或不足，必要時可向利害關係人確認是否了解。有關溝通形式的演練，讀者可以參考後面的 [小試身手] 自行練習。

7.3 監督溝通（Monitor Communications）

於專案全生命週期持續監督與控制專案溝通，以確保達成利害關係人之資訊需求，要確保全期間所有溝通參與人之最佳資訊流動，本管理內涵可驅動 7.1 規劃溝通管理及 7.2 管理溝通之反覆流程，故專案溝通管理具有連續性。監督溝通是依據專案溝通管理計畫，監控是否確實傳遞資訊給相關的利害關係人，並視需要修正溝通管理計畫，也就是要確保在正確的時間、將正確的資訊，傳遞給正確的對象。

監督溝通為三監督之一，在這三章的最後一節，都是在做監督（而不是控制）。

三監督是：第 7 章 溝通、第 8 章 風險、第 10 章 利害關係人管理。

輕鬆口訣

針對本管理內涵重要的依據文件、工具與技術、及成果產出說明如下：

1. 監督溝通是屬於「監控」流程群組

因此依據文件包括：工作績效資料（WPD）及專案管理計畫（資源與溝通管理計畫、及利害關係人參與計畫）。

輕鬆D訣 監控就是「績效」與「計畫」做比較。

2. 專案管理資訊系統（PMIS）

提供專案經理獲得、儲存及傳遞資訊給利害關係人，有關於專案進度、成本及績效的資訊。現代科技發展迅速，專案溝通與專案績效的發布，請多利用資訊系統來傳遞。

深度解析 ❸

1. 溝通時，下列何者最重要？是語言文字、聲音語調還是肢體語言呢？

   根據麥拉賓（Albert Mehrabian）所提出的 55-38-7 法則，所謂肢體語言及外表佔溝通的 55%，聲音語調佔 38%，語言文字內容佔 7%。簡單來說，決定溝通效果的 55% 是視覺，38% 是聽覺，7% 是內容。因此，讀者若是參加面試，或向高層與客戶簡報時，也請依 55-38-7 的比例，強化肢體語言，展現自信心，常能得到更大的功效。

2. 為了提升專案溝通的效果及確利害關係人對於專案績效的資訊有著共同的了解，實務上可以訂定「專案溝通計畫矩陣表」，範例如下表所示：

提供者	接收者	發布管道	發送內容
團隊成員	專案經理	工作日誌	工作紀錄
分公司	總公司	週報表	專案執行週 KPI
專案經理	管理高層	專案審查會議	專案執行現況檢討

小試身手 1

專案溝通的形式，化繁為簡後，可整理為下列四種形式：

A. 正式書面（**Formal Written**）   B. 正式口頭（**Formal Oral**）

C. 非正式書面（**Informal Written**）   D. 非正式口頭（**Informal Oral**）

請問下列情況，適合哪一種溝通形式？

(1) 投標人會議（**Bidder Conference**）

(2) 通知專案團隊人員績效不佳

(3) 修正專案管理計畫

(4) 合約變更

(5) 發 **E-mail** 通知

(6) 向高層簡報

(7) 發布專案章程（**Project Charter**）

 小試身手解答

1 (1)B   (2)D   (3)A   (4)A   (5)C   (6)B   (7)A

精華考題輕鬆掌握

1. 專案經理在帶領專案團隊的時候，必須了解專案溝通的複雜度和難易度，通常會用溝通管道（Communication Channels）的方式量化溝通的複雜度，如果你的團隊包含你在內共有 6 名成員，請問有幾條溝通管道？

   (A) 6　　　　　　　(B) 30　　　　　　　(C) 15　　　　　　　(D) 22

2. 在規劃溝通管理（Plan Communications Management）管理內涵中，會提及解碼、訊息、雜訊、編碼等術語，請問這代表的是下列何者？

   (A) 溝通管道　　　(B) 溝通模式　　　(C) 溝通頻率　　　(D) 溝通障礙

3. 專案經理會依據溝通內容決定溝通的方法，對於專案的範疇、成本、時程等要素進行討論，下列何者不屬於溝通方法？

   (A) 互動溝通　　　(B) 模擬溝通　　　(C) 推式溝通　　　(D) 拉式溝通

4. 專案溝通（Project Communications）常以績效報告、時程進度報告或簡報的方式存在，請問這是屬於哪一個管理內涵的產出？

   (A) 管理溝通　　　　　　　　　　(B) 規劃溝通管理
   (C) 控制溝通　　　　　　　　　　(D) 識別利害關係人

5. 監督溝通（Monitor Communications）會在專案全部的生命週期監控溝通，目的在於確保利害關係人的需求有確實傳遞，請問它是屬於哪一個流程群組？

   (A) 執行流程群組　　　　　　　　(B) 規劃流程群組
   (C) 監控流程群組　　　　　　　　(D) 結案流程群組

6. 專案利害關係人的意見是專案執行的重要參考依據，因此與其建立有效的溝通管道是很重要的，如果專案利害關係人抱怨沒有收到應有的重要資訊，身為專案經理的你會怎麼處理？

   (A) 檢視專案溝通績效報告　　　　(B) 檢視利害關係人登錄表
   (C) 重新審視溝通管理計畫　　　　(D) 向利害關係人提出變更申請

7. 你負責擔任公司資訊展產品發表會的專案經理，包含你在內一共有 15 名團隊成員，在執行流程完成之後由於種種因素共計有 3 個人離開，請問在這個專案的監控流程之溝通管道，比執行流程少了幾條？

   (A) 105　　　　　　　(B) 66　　　　　　　(C) 45　　　　　　　(D) 39

8. 提升專案團隊溝通效率，能夠使得團隊更能夠協同作戰，以達成專案目標。為了確保團隊溝通的效率，訊息的傳遞應該以何者為導向？

(A) 專案資金贊助人   (B) 專案發起人

(C) 訊息接收人   (D) 訊息傳播媒介

9. 在和顧客進行溝通時，專案團隊在什麼情形下需要出具正式的書面函文（Formal Written Correspondence）給顧客？

(A) 顧客要求專案團隊執行不在合約範圍內的工作項目

(B) 專案團隊發現專案出現失誤的時候

(C) 專案預算超支的時候

(D) 專案執行出現延誤的時候

10. 專案經理指派一位團隊成員去一個專案的供應商——某鋼鐵製造廠與其洽談，當專案經理有事情要打電話給這位團隊成員時，以下哪個選項是最重要的確認事項？

(A) 確認專案利害關係人的聯絡資訊

(B) 確認後續會議的議程和時間

(C) 複誦專案經理交辦事項，並重複確認需求

(D) 要求該團隊成員列出需求變更

MEMO

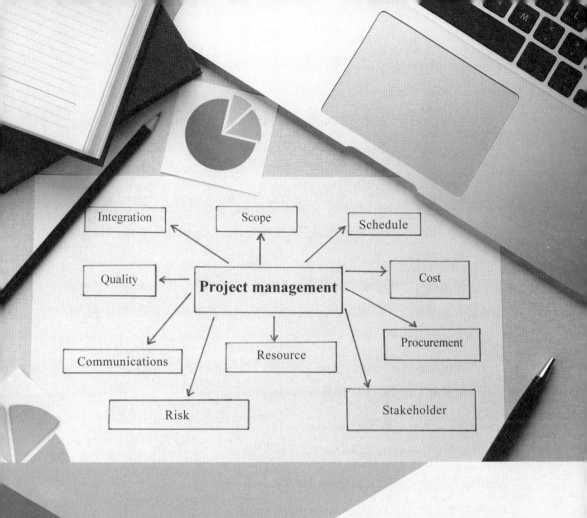

08

專案風險管理
Project Risk Management

　　風險是來自於不確定性（Uncertainty），有其發生的機率，及發生時的衝擊影響，因此要防患於未然，也就是「超前部署」。風險的種類可以分成以下兩項：

■ **已知的風險（Known Risks）**：是已識別及分析過的風險，所以可以規劃風險回應行動，且可以事先建立「應變準備金」（Contingency Reserve）來因應，這是由專案經理控管。

■ **未知的風險（Unknown Risks）**：事先並未識別出來，因此無法主動管理，建議專案要建立「管理準備金」（Management Reserve）來因應，這則是由老闆（或公司高管）控管。

　　專案風險管理之目的在於減少負面事件（威脅）與增加正面事件（機會）發生之機率與衝擊，包括以下七個管理內涵：

8.1 規劃風險管理（Plan Risk Management）

8.2 識別風險（Identify Risks）

8.3 執行定性風險分析（Qualitative Risk Analysis）

8.4 執行定量風險分析（Quantitative Risk Analysis）

8.5 規劃風險回應（Plan Risk Responses）

8.6 執行風險回應（Implement Risk Responses）

8.7 監督風險（Monitor Risks）

將上述七個管理內涵：規劃（Plan）→識別（Identify）→分析（Analysis）→回應（Response）→執行（Implement）→監督（Monitor）的英文字頭語放在一起，可整理成：PIA^{2}RIM（避安・我是）。

流程群組 知識領域	起始 （I）	規劃 （P）	執行 （E）	監控 （C）	結案 （Closing）
8. 風險管理		8.1 規劃風險 管理 8.2 識別風險 8.3 執行定性 風險分析 8.4 執行定量 風險分析 8.5 規劃風險 回應	8.6 執行風險 回應	8.7 監督風險	

專案風險管理這個知識領域，主要還是著重在規劃流程，此外，執行風險回應是屬於執行流程，最後面的監督風險是屬於監控流程。

專案風險管理的架構圖說明如下：

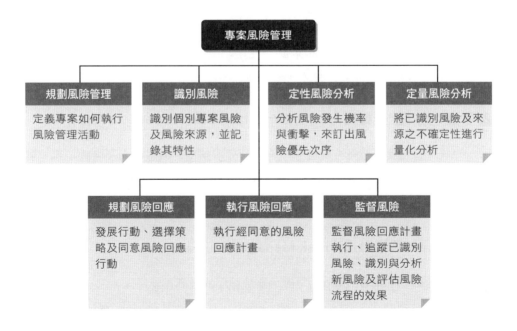

8.1 規劃風險管理（Plan Risk Management）

規劃風險管理係定義專案如何執行風險管理活動，也就是要決定風險管理的方法。本管理內涵旨在確保風險管理的程度、型式及可見性，使專案風險與重要性二者相稱（Proportionate）（成正比）。規劃風險管理應於專案構想期就開始，且要在規劃階段的早期完成，並且要定期審查風險的變化。

> 規劃是 How（如何）的問題，也就是：找方法，訂程序。
> 規劃要產生計畫，規劃 OO 管理，產生 OO 管理計畫。

針對本管理內涵重要的依據文件、工具與技術、及成果產出說明如下：

1. 考量：企業環境因素（EEF, Enterprise Environmental Factors）

主要是組織與利害關係人所設定的「**風險門檻（Threshold）**」，也稱為「**閾（音ㄩˋ）值**」，其實就是「**臨界值**」，超過（或低於）這個風險門檻（閾值）（臨界值），就應該要採取適當的回應行動。

2. 考量：組織流程資產（OPA, Organizational Process Assets）

包括：組織風險政策、風險分類、風險分解結構、風險觀念及名詞定義、風險說明書格式、標準範本（風險管理計畫、風險登錄表、風險報告）、角色與責任、決策授權層級等。

3. 產出：風險管理計畫（Risk Management Plan）

(1) **風險策略（Risk Strategy）**：訂定風險管理的最高指導原則。

(2) **方法論（Methodology）**：訂定風險管理的方法，且是最佳實務（Best Practice）的方法。

(3) 角色與責任（**Roles and Responsibilities**）：如：專案經理、專案團隊、品保人員、專案贊助人、相關利害關係人等。

(4) 資金來源（**Funding**）與時程（**Timing**）。

(5) 風險分類（**Risk Categories**）：可建立風險分解結構（RBS, Risk Breakdown Structure），如下圖所示：

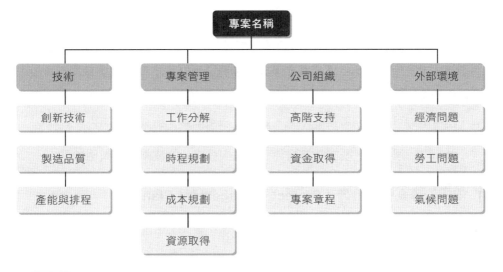

💻 **小叮嚀**

本書在 6.1 節規劃資源管理中的階層圖，有介紹工作分解結構（WBS）、組織分解結構（OBS）及資源分解結構（RBS），因此在專案管理中「**有兩個 RBS**」，可以代表「**資源**」分解結構或「**風險**」分解結構，請讀者不要混淆！

---

(6) 利害關係人風險喜好（**Appetite**）：個別的控制門檻（Threshold），俗話可用「心臟有多大顆」來表示，也就是對於風險的承受程度。

(7) 風險機率與衝擊的定義（**Definitions of Risk Probability And Impact**）：衝擊就是對專案目標的影響，尤其是專案範疇、時程、成本及品質。依據過去經驗，客觀或主觀評估風險可能發生機率，和發生後對專案造成的衝擊，並評定其風險等級，在本書 8.3 執行定性風險分析，會有更詳盡的介紹。

(8) 報告格式與追蹤（**Tracking**）：訂定風險追蹤程序，倘若發生超過風險門檻值的時候，需要有各風險事件回應策略執行狀況，並定期追蹤加以回報。

8.2 識別風險（Identify Risks）

本管理內涵主要識別個別專案風險及風險來源，並記錄其特性。識別風險要針對個別（Individual）及整體（Overall）風險的考量，通常會邀請參與風險識別的人員，可包括專案經理、專案團隊成員、指派的專案風險專家、顧客、來自專案外部的主題專家（Subject Expert）、最終使用者（End Users）、其他專案經理、功能經理、利害關係人及組織內的風險管理專家。識別風險是一個反覆流程（Iterative Process），因為新的風險會形成（變成已知）或是需要因應風險發生的變更。本管理內涵應由專案團隊參與，需要發展及維持風險的擁有權及責任，及相關的風險回應行動。協同參與識別的人員須對專案的執行工作充分清楚與了解，使得風險可被識別與鑑別出來，避免將風險隱藏，造成嚴重事件。

針對本管理內涵重要的依據文件、工具與技術、及成果產出說明如下：

1. 依據的專案管理計畫（Project Management Plan）

(1) **子計畫**：需求、時程、成本、品質、資源、風險等管理計畫。

(2) **三基準**：範疇、時程、成本基準。

2. 資料蒐集（Data Gathering）之檢核表（Checklist）

將符合的項目打勾，來確認及提醒是否已滿足需求，若未打勾的項目，代表未完成，可能就會造成風險。實務上，可運用過去專案風險管理的歷史資訊做成表單來提醒。

3. 根本原因分析（RCA, Root Cause Analysis）

是一個系統化的問題處理過程，包括選定主題、現況分析、找出問題可能發生的原因，真因判定、找出問題解決辦法，並制定問題預防措施。在組織管理領域內，根本原因分析能夠幫助公司管理者發現組織問題的癥結，並找出根本性的解決方案。

4. SWOT 分析（SWOT Analysis）

SWOT 分析是一種策略管理分析的工具，可以稱為「強弱危機分析」，也稱為優劣分析法，甚至可衍伸發展成道斯（TOWS）策略矩陣，是一種企業在經營競爭模式分析的方法，也可以用來進行市場行銷的策略分析，透過評估自我本身（如產銷人發財資）的優勢（Strengths）、劣勢（Weaknesses）、外部競爭（如 PEST 政策、經濟、社會、科技）的機會（Opportunities）和威脅（Threats），來發展策略行動及做深入且全面的競爭分析。

> 輕鬆口訣
>
> SWOT 分析：分析優勢、劣勢、機會、威脅。也就是「量己力、衡外情」。

5. 假設與限制分析（Assumption and Constraint Analysis）

審查專案文件中假設與限制的正確性、穩定性、一致性、完整性。

6. 文件分析（Document Analysis）

進行專案文件結構化的審查，包括專案檔案、計畫、合約、協議、技術文件，也可包括假設與限制。

7. 提醒清單（Prompt List）

是一項事先判別會發生個別專案風險的風險分類清單，而這些也會造成全專案風險的來源。可幫助團隊成員，當運用風險識別技術時，做為意見產生（Idea Generation）的架構（Framework）指導方針。對於個別風險而言，可運用風險分類之風險分解結構（RBS）的最底層（The Lowest Level）做為提醒清單。

針對全專案風險，可運用下列提醒清單：

(1) **PESTLE**：Political, Economic, Social, Technological, Legal, Environmental
〔政策、經濟、社會、科技、法規、環境〕

(2) **TECOP**：Technical, Environmental, Commercial, Operational, Political
〔技術、環境、商業、營運（作業）、政策〕

(3) **VUCA** ：Volatility, Uncertainty, Complexity, Ambiguity
〔波動性、不確定性、複雜性、模糊（不清楚）性〕

8. 會議（Meetings）

可舉辦風險研討會（Risk Workshop）來集思廣益，協助識別專案可能發生之風險及發生這些風險的導因。

9. 風險登錄表（Risk Register）

為本管理內涵最重要的產出，就是「**已識別的風險清單（List of Identified Risks）**」，記錄可能會發生事件（Event）的原因（Cause），及發生後可能造成的影響（Effect）。也包括識別潛在的風險擁有人（Potential Owners）及潛在的回應清單（List of Potential Responses），以利規劃風險回應（請參閱 8.5 節）。

輕鬆Ｄ訣　「風險登錄表」就是已識別「風險清單」。

10. 風險報告（Risk Report）

整體風險來源與個別風險的資訊，有系統且完整地整理成冊，以利進行後續風險管理流程，且在專案管理生命週期間要持續更新，逐步精進完善。風險報告常常會與風險登錄表一起出現。

輕鬆Ｄ訣　風險報告就是專案風險資訊的匯整。

8.3 執行定性風險分析（Perform Qualitative Risk Analysis）

定性風險分析是經由分析風險發生之「**機率**」與「**衝擊**」，來訂出個別專案風險的「**優先次序**」。當然，組織應重視優先次序較高之風險，且應考量其他因素，如成本、時程（時間較急迫的，風險優先次序較高）、範疇及品質的風險容忍度（Risk Tolerance）。定性風險分析的方法是對已識別的風險（可利用風險登錄表），評估其發生的機率與衝擊，找出風險分數，來得到這些風險對專案影響的優先等級，稱為「**機率與衝擊矩陣**」法，主要的產出為風險優先等級清單，來決定哪些風險是重要到必須投入時間和資源來優先處理。完成風險優先次序排定後，可進一步執行定量風險分析（8.4 節）或直接進入規劃風險回應（8.5 節）。定性風險分析在全專案生命週期（Project's Life Cycle）間要再審查，以配合專案風險的改變。

一般而言，定性風險分析依主要評估者的經驗做主觀判斷，快速但不精確；而定量風險分析則採統計或模擬方式進行，較客觀與精確，但缺點是比較耗時。此外，執行風險分析時必須注意，要事先評估風險資料品質（因為用了錯誤的資訊，分析了也沒用）與評估風險緊急度（緊急者要優先回應）。

針對本管理內涵重要的依據文件、工具與技術、及成果產出說明如下：

1. 風險資料品質評估（Risk Data Quality Assessment）

評估個別專案風險的資料是正確的（Accurate）與可靠的（Reliable）之程度。可用問卷詢問利害關係人，有關專案風險的完整性、客觀性、相關性及時間限制的了解。

2. 風險機率與衝擊評估（Risk Probability and Impact Assessment）

針對每個風險來評估其發生的「**機率與衝擊**」，這是屬於「**二維分析**」的一種。衝擊係指對專案時程、成本、品質或績效的影響，分為負面（威

脅）或正面（機會）兩種，通常可以邀集熟悉本議題風險分類的專家以訪談（Interviews）或召開會議來評估。低度風險者不需排序（Rated），但要在觀察清單（Watchlist）中持續監控。

深度解析 ❶

- 機率就是發生度（Occurrence）。
- 衝擊就是對專案目標（範疇、時程、成本、品質）的影響，也就是嚴重度（Severity）。

3. 機率與衝擊矩陣（PIM, Probability and Impact Matrix）

將專案風險事件發生之機率大小與其發生時所產生之衝擊影響，依其程度可以區分為五個等級（很高 / 高 / 中 / 低 / 很低），分別給予（0.9/0.7/0.5/0.3/0.1）的數值尺度（Scale），通常專案管理成熟度較低的組織，也可以用三等級（高 / 中 / 低）或來區分。再依照縱向與橫向順序排列構成一份機率與衝擊相對應的乘積表格，稱為機率與衝擊矩陣，主要用來確認某個已識別專案風險的重要程度，通常右上角區域為高度重要，左下角區域為低度重要，而中間區域為中度重要，詳下表所示：

機率		衝擊				
很高	0.9	0.09	0.27	0.45	0.63	0.81
高	0.7	0.07	0.21	0.35	0.49	0.63
中	0.5	0.05	0.15	0.25	0.35	0.45
低	0.3	0.03	0.09	0.15	0.21	0.27
很低	0.1	0.01	0.03	0.05	0.07	0.09
		0.1	0.3	0.5	0.7	0.9
		很低	低	中	高	很高

衝擊

風險分數（Risk Score）

= 機率 * 衝擊

= 風險優先數 =RPN=Risk Priority Number

風險分數、等級、接受度門檻與風險回應，如下表所示：

風險分數	<0.07	0.07-0.30	>0.30
風險等級	低度	中度	高度
接受度門檻	可接受	-	不可接受
風險回應	接受	轉移、減輕	迴避

小試身手 ①

參考上面表格，試著回答看看：

(1) 機率 0.3，衝擊 0.5，請問是屬於低度、中度、還是高度風險？

(2) 機率 0.5，衝擊 0.9，請問是屬於低度、中度、還是高度風險？

不同程度的風險，該如何進行回應？

強化觀念

1. 機會與威脅可以放在同一張表中進行呈現。

2. 上述所採用的風險機率與衝擊「尺度（Scale）」，稱為「線性尺度」，如 0.1、0.3、0.5、0.7、0.9，可看出是「等差數列」。另一種則為「非線性尺度」，如 0.05、0.1、0.2、0.4、0.8，可看出後面數值是前者的兩倍，故這是「等比數列」，若採用此種非線性尺度的話，就是為了要突顯機率高或是衝擊大的影響，也就是拉大差距。專案風險管理本來就是重點管理的一環，高度重要的風險要優先處理，故突顯高影響度的風險族群也是符合邏輯的。

4. 其他風險參數評估（Assessment of Other Parameters）

上述的二維分析，除了可用機率與衝擊外，還可以運用其他風險參數：如急迫性（Urgency）、接近性（Proximity）、可管理度（Manageability）、可控制度（Controllability）、可觀測度（Detectability）、連結度（Connectivity）、策略衝擊（Strategic Impact）、鄰近的（有關係的）（Propinquity）等，可視專案風險分析的需要來選擇訂定。

5. 風險分類（Risk Categorization）

可依據風險來源，如風險分解結構（RBS）（參見 8.1）、專案影響領域（如WBS）、專案階段、預算、角色與責任（R&R）來做風險分類，以決定專案最容易遭受不確定性影響的地方。也可以根據常見的根本原因（Root Causes）來分類。

6. 階層圖（Hierarchical Charts）之泡泡圖（Bubble Chart）

之前所提到的機率與矩陣所表示的機率與衝擊評估是二維的，但若是提升到三個參數（三維變數）的情況，則要運用「**泡泡圖（Bubble Chart）**」，如下圖所示。採用的三個變數是：

(1) **橫軸**：可偵測性（難檢度）（Detectability）。

(2) **縱軸**：可接近性（Proximity）。

(3) **泡泡大小**：代表衝擊值（Impact Value）。

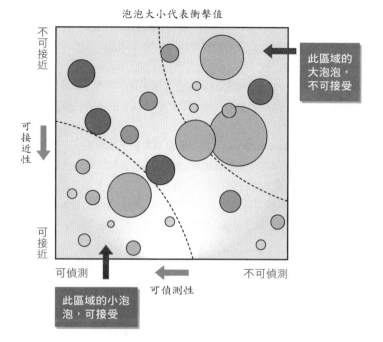

泡泡大小代表衝擊值

此區域的
大泡泡，
不可接受

不可接近

可接近性

可接近

可偵測

此區域的小泡
泡，可接受

可偵測性

不可偵測

深度解析 ❷

風險 - 報酬泡泡圖

通常定義縱軸是風險，而橫軸則為報酬（Reward）。將風險與報酬區分為高與低，便可將
風險 - 報酬泡泡圖分割成四個象限。一般而言，風險的高低以發生機率來表示，其值介
於 0 到 1 之間，報酬則以淨現值（NPV, Net Present Value）來估算。分割成的這四個象限
（如下圖），說明如下：

1. 第一象限：麵包與奶油（Bread and Butter），產品開發專案是一些小規模、簡單的專
   案，因此雖然有著較高的開發成功率（低風險），但是收益不高。這些專案是對當前產
   品的延伸、改良或升級，大部分企業的產品開發專案都屬於這種類型。

2. 第二象限：珍珠（Pearls），產品開發專案是潛在的明星產品，有著高收益、而且也有很高的開發成功率。大部分企業都希望此類型的產品越多越好，因為對公司的收益最高。

3. 第三象限：牡蠣（Oysters），產品開發專案是長遠規劃的專案，是屬於收益很高，但是開發成功機率卻不高。這些開發產品專案需要尋求技術的突破，或是需要其他大量的投資，故是屬於高風險。

4. 第四象限：白象（White Elephants），產品開發專案的風險非常大，不僅收益低且開發成功率也低。每個企業常常也有幾個這樣的產品開發專案，有時是為了磨練技術，但大多數的情況是產品開發策略的方向錯誤所導致。

上述的二維分析，實務上可以再運用泡泡大小、顏色、形狀等來代表專案的成本、時程、產品線或負責單位，這樣就完成了風險-報酬泡泡圖的三維分析或多維分析。

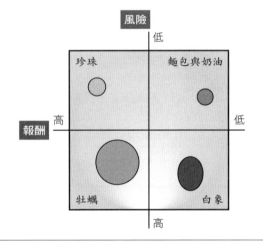

8.4 執行定量風險分析（Perform Quantitative Risk Analysis）

本管理內涵就是將已識別的風險及來源之不確定性因素進行量化分析。在8.3 執行定性風險分析訂出專案的風險優先次序後，可以把前 20% 重要的風險（符合 80-20 法則的精神），優先進行風險的定量分析，以了解對專案之影響。對於下一節 8.5 規劃風險回應而言，不是每個專案都要執行定量分析，因為需要

比較大量且精確的資訊，因此本管理內涵不是每個專案都會進行的必要條件。也就是說 8.3 執行定性風險分析後，可以直接進行 8.5 規劃風險回應。

執行定量風險分析，就是「量化風險影響」。

輕鬆口訣

針對本管理內涵重要的依據文件、工具與技術、及成果產出說明如下：

1. 依據的專案文件（Project Documents）

假設記錄單、里程碑清單、估計的基礎、工期估計、工期預測、成本估計、成本預測、資源需求、風險登錄表、風險報告。

2. 不確定性的展現（Representation of Uncertainty）

類似於模型（Model）的建立，定量風險分析要有投入（Inputs）給定量分析模型，來反映（顯示）個別專案風險及其他不確定性的量化影響。當一個計畫活動的工期、成本或資源需求是不確定的，則其可能值的範圍可以用一個機率分佈的模型（Model as a Probability Distribution）來表示。常見的分佈模型有三角（Triangular）、常態（Normal）、對數（Lognormal）、Beta（如 PERT 三點估計法）、平均（Uniform）、或離散（Discrete）等分佈（Distributions）。此外，也可以用分支（Branch）來表示時間或成本的衝擊。

3. 模擬（Simulations）

本書在 3.5 發展時程中有說明過，可運用「**蒙地卡羅分析（Monte Carlo Analysis）**」，來模擬專案時程或成本的分佈，首先要將專案的情境用方程式（Function）來表示，此過程稱為「建模（Modeling）」，將隨機（Random）的數據輸入這個模型（Model）（方程式）後，經過非常多次的計算或迭代（Iteration）後，產生了一個可能的分佈（Distribution）圖形，再去研判圖形所代表的意義。

模擬常運用「蒙地卡羅分析」，其關鍵字：建模、隨機數據、多次模擬、產生分佈。

4. 敏感度分析（Sensitivity Analysis）

常用的方法為「龍捲風圖（**Tornado Diagram**）」，將各影響參數按其敏感性進行排序，將敏感性大的參數放在最上面，而最頓感的參數則放在最下面，「**上寬下窄**」形成像龍捲風的形狀，故稱為龍捲風圖，如下圖所示。運用龍捲風圖進行敏感性分析的具體步驟說明如下：

(1) **選擇參數**：在完成建模後，對各影響參數進行基本測試（包括各參數最大可能情況下的取值及可能對專案價值的影響），選擇一組對評估結果產生重要影響的參數做為進行敏感性測試的參數。

(2) **設定範圍**：為每個參數設定一個合理的可能變動範圍。

(3) **敏感度測試**：保持其他參數不變（維持在基準值），每次只變動其中一個參數，如果估算結果出現明顯影響幅度，確認該參數為敏感參數；對每一參數進行測試，並在每一敏感參數發生變動時，將相對應的評估結果記錄下來。一般而言，小變動造成大變動，就是敏感；大變動只有小變動，則是頓感。

(4) 將各敏感參數對目標價值結果的影響，按其影響幅度的大小，「由寬至窄，由上而下」排列。

(5) 排列在最上方的敏感參數，就是對於專案影響最大的參數，要嚴加控管。

敏感度分析可以運用龍捲風圖，掌握對專案影響最大的參數。

淨現值 Net Present Value ($thousands)

影響參數（**Variable**）：

1. 實際租金調漲率
   Real Rent Escalation (%)
2. 空屋率 Vacancy Rate (%)
3. 通貨膨脹率 Inflation Rate (%)
4. 貼現率 Discount Rate (%)
5. 資本率 Capitalixation Rate (%)
6. 再融資率 Refinance Rate (%)
7. 營運費用 Operating Expenses
8. 再融資點 Refinance Points (%)

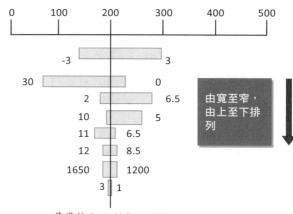

基準值 Base Value：203

資料來源：http://gdpmp.blog.sohu.com/64632458.html

5. 決策樹分析（Decision Tree Analysis）

因為決策樹要運用到「期望值」理論，因此我們要先來說明期望值的計算。

期望值（**EMV, Expected Monetary Value**）：是運用機率與統計的觀念，來求取事件衝擊之影響。期望值的公式可表示為：

$$期望值 = \Sigma（機率 \times 衝擊）$$

其中衝擊就是對專案目標的影響，一般是指對時程的影響天數，或是成本的金額大小。期望值可視為平均值，如統一發票的六獎會開出 6 組，對中末 3 碼，獎金 200 元，故假設有 1000 張統一發票末三碼均不同號（從 000 到 999），那一定會中 6 張，可得 1,200 元，故平均每張發票的價值是 1.2 元，這也就是發票中六獎的期望值。再以期望值公式說明之：

$$期望值 = \Sigma（機率 \times 衝擊）=(6/1,000) \times 200=1.2（元）$$

公式中因有 1000 張發票，故 1000 在分母，因此代表期望值有平均值的意思。

小試身手 2

現在有一個專案，獲利 5 萬元的機率是 20%，獲利 10 萬元的機率是 30%，獲利 20 萬元的機率是 50%，則你的專案之獲利期望值（EMV）是多少？

接下來探討「**決策樹分析（Decision Analysis）**」，為一種樹狀圖的決策分析工具。用決策點代表決策問題，用方案分枝代表可供選擇的方案，用機率分枝代表方案可能出現的各種結果，運用「期望值」的計算，比較各種方案在不同結果條件下的損益數值，為決策者提供決策依據。

 小試身手 3

研發新產品需成本 \$100 萬元，改進現有產品 \$50 萬元，研發新產品市場需求成長預估機率為 80%，市場萎縮預估機率為 20%。改進現有產品市場需求成長預估機率為 60%，市場萎縮預估機率為 40%。預計研發新產品報酬在市場成長時為 \$120 萬，萎縮時 \$70 萬。預計改進現有產品報酬在市場成長時為 \$80 萬，萎縮時 \$50 萬。請幫公司下決策，研發新產品還是改進現有產品？

 精華整理

	定量分析工具	圖表案例
1	模擬	蒙地卡羅法
2	敏感度分析	龍捲風圖
3	期望值	決策樹分析

6. 影響圖（Influence Diagrams）

影響圖是用來表示相關參數之因果關係的圖形，並可呈現決策中涉及的關鍵要素，包括決策影響、不確定性、收益價值等。影響圖是由結點和箭號組成有方向性的圖，其中，結點代表主題問題中的主要參數，箭號表示參數間的邏輯因果關係。影響圖如下圖所示，通常行銷預算越高，市場規模、市佔率也越高，但是成本也花得越多；另一方面，產品價格會影響市佔率（通常定價越高，銷售數量越低），也會與收入有關，而收益等於收入減去成本，因此是一個折衷（Trade-off）的問題，來找出產生最高收益的行銷預算與產品定價。

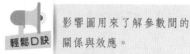

輕鬆口訣　影響圖用來了解參數間的關係與效應。

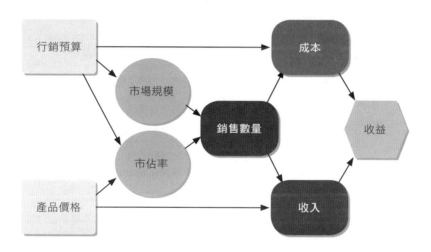

7. 本管理內涵唯一的成果產出，就只有專案文件更新

而且也只有風險報告（8.2）一項而已，更新的內容就是本管理內涵執行了什麼就更新什麼，而當然，本管理內涵新增了量化風險影響的資料。

小試身手 4

請完成專案風險管理 -「工具」的配合題：

提醒清單 （Prompt Lists）	（ ）	(A) 若有三個參數（三維變數），則可運用。如可觀測性、可接近性、及衝擊值大小等
風險登錄表 （Risk Register）	（ ）	(B) 是一種建模（Modeling）與模擬（Simulation）的方法，以隨機的輸入，經模擬了解專案可能的分佈（如時程或成本等）
機率與衝擊矩陣 （Probability and Impact Matrix）	（ ）	(C) 每次變動一個參數，判定對專案的影響，將影響的程度由大到小，由上到下排列，典型的圖形為龍捲風圖（Tornado Diagram）
泡泡圖 （Bubble Chart）	（ ）	(D) 運用期望值（Expected Monetary Value）分析，來找出專案不同方案的最佳選擇
決策樹 （Decision Tree）	（ ）	(E) 已識別風險清單（List of Identified Risks）
敏感度分析 （Sensitivity Analysis）	（ ）	(F) 屬定性風險分析工具，運用風險發生的機率及風險發生後的衝擊等二維分析法，來判定風險之優先順序
模擬（Simulation）- 蒙地卡羅 （Monte Carlo）分析	（ ）	(G) 是一項事先判別的會發生個別專案風險的風險分類清單（常用字頭語來提醒），而這些也會造成全專案風險的來源

8.5 規劃風險回應（Plan Risk Responses）

規劃風險回應這個管理內涵，旨在發展行動、選擇策略及同意風險回應行動。若有需要，可以在專案文件與專案管理計畫中重新分配資源及安插活動（Insert Activities）。本管理內涵要識別及指派風險擁有人（Risk Response Owner），風險擁有人就是風險負責人，他要從多個可能的風險回應策略中，選擇最適當的回應策略，而且為了執行同意的（Agree-Upon）（核准的）風險回應策略，還可以發展特定的行動，如應變（Contingency）或備選（Fallback）計畫。這些有效及適當的風險回應，可以降低個別風險的威脅及提升機會，也能降低全專案風險的曝露（Exposure）（曝險），曝險就是因為沒有事先防患於未然，沒有事先研擬風險回應的行動方案，而造成風險發生所導致的損害，因此規劃風險回應要在專案全程實施。

針對本管理內涵重要的依據文件、工具與技術、及成果產出說明如下：

1. 對威脅的策略（Strategies for Threats）

「**負面的風險**」又稱「**威脅**」，其回應策略有五種：

(1) **迴避（Avoid）**：改變專案管理計畫，或將風險隔離，以避免對專案衝擊。迴避是積極的，就是「預防」與「超前部署」。

(2) **轉移（Transfer）**：轉移到第三方（風險並未消除），如保險（Liability, or Insurance）、採購（Procurement）或委外（外包）（Outsourcing）。

(3) **減輕（Mitigate）**：降低風險發生機率或降低風險對專案的影響。

(4) **接受（Accept）**：主動或被動地接受風險。

(5) **呈報（Escalate）**：若威脅是在專案範疇之外，或超過專案經理權限，可向上呈報（提升層次）至計畫或組合層次來管理，呈報後可不必再監控，但要在風險登錄表記錄。

輕鬆口訣　對負面風險（威脅）前三項的回應策略，可用口訣：「ATM」（提款機）來記憶。

2. 對機會的策略（Strategies for Opportunities）

「正面的風險」又稱「機會」，其回應策略有五種：

(1) 開發（**Exploit**）：去除不確定性，爭取到機會。

(2) 分享（**Share**）：與最有可能抓住機會的人或公司結盟，如找合夥人。

(3) 增強（**Enhance**）：增加正面機會之機率。

(4) 接受（**Accept**）：機會來臨時，願意取其利益，而不是主動追求它。

(5) 呈報（**Escalate**）：超出範疇或權限時，向上呈報。

輕鬆口訣　對正面風險（機會）前三項的回應策略，可用口訣：「SEE」（常露臉）（洞察機先）來記憶。

3. 應變回應策略（Contingent Response Strategies）

有些回應會被設計成僅在某事件發生時才使用。觸發（Trigger）應變回應條件包括錯過了期中里程碑（就是時程延誤）、或得到買方更高的優先次序（如採購案更容易得標或更困難得標）等，應該要定義與追蹤。也稱應變計畫（Contingency Plans）或備選計畫（Fallback Plans）。

4. 對全專案風險的策略（Strategies for Overall Project Risk）

(1) **Avoid**（迴避）：全專案風險的層級是非常負面。

(2) **Exploit**（開發）：全專案風險的層級是非常正面。

(3) **Transfer/Share**（轉移／分享）：由第三方管理。

(4) **Mitigate/Enhance**（減輕 / 增強）：優化達成專案目標之機會。

(5) **Accept**（接受）：主動或被動接受。

深度解析 ❸

1. **殘餘風險（Residual Risks）**：是採取規劃回應後所預期的剩下風險，是原來相同的風險，只是規模變小了。
2. **二次風險（Secondary Risks）**：是因為執行風險回應所產生之直接結果。其實是造成其他的損失，也就是副作用（Side Effect）。
3. **應變準備（Contingency Reserves）**：是根據定量風險分析的結果及組織的風險門檻分析計算而來。

小試身手 ⑤

請完成規劃風險回應 -「工具」的配合題：

迴避（規避、避險）（Avoid）	（　　）	(A) 辨識與最大化正面影響風險的關鍵驅動因素，來增加正面風險（機會）發生之機率
轉移（Transfer）	（　　）	(B) 與最有可能抓住機會的第三者（人或組織）結盟，如找合夥人或策略聯盟等
減輕（Mitigate）	（　　）	(C) 改變專案管理計畫，或將風險隔離，使風險發生的機率為零，以避免對專案衝擊
接受（承擔）（Accept）	（　　）	(D) 將風險轉移至第三方（風險並未消除），典型的方法為採購或保險
呈報（Escalate）	（　　）	(E) 主動（建立應變準備或稱緊急儲備）或被動（不採任何行動，發生再說）接受風險
開拓（Exploit）	（　　）	(F) 將風險發生的機率降低，或風險發生時，降低其衝擊
分享（Share）	（　　）	(G) 若風險屬專案範疇之外，或超過專案經理權限，可提升至計畫或組合層次來管理
增強（Enhance）	（　　）	(H) 去除不確定性，使正面風險（機會）確實發生

8.6 執行風險回應（Implement Risk Responses）

本管理內涵旨在確保依據風險回應計畫，必要時執行經同意的（Agree-Upon）（核准的）風險回應，以利闡明（Address）全專案風險的曝露（Exposure），極小化個別專案威脅與極大化個別專案機會，其中風險的曝露（曝險），拿負面風險為例的話，就是風險損失程度的表徵。要注意的是，倘若專案團隊花功夫在識別及分析風險，發展風險回應，將風險回應計畫獲得同意及記錄於風險登錄表及風險報告中，但卻沒有行動（Actions）來管理風險的話，這樣只是紙上談兵，沒有實質助益。基本上是由風險擁有人（負責人）（Owner）發起執行風險回應行動。

針對本管理內涵重要的依據文件、工具與技術、及成果產出說明如下：

1. 影響（Influencing）

可運用影響力，鼓勵風險擁有人於需要時採取必要的行動。

2. 專案管理資訊系統（PMIS）

可運用專案時程、資源及成本的應用軟體，來確保經同意的風險回應計畫及它們相關的活動，能與其他專案活動一起整合於專案內，更有效地執行風險回應。

8.7 監督風險（Monitor Risks）

本管理內涵要監督風險回應計畫的執行情形、追蹤已識別的風險、識別與分析新的風險及評估風險管理流程的「效果」（Effectiveness）。本管理內涵旨在於專案全生命週期間，確保專案決策是依據現有全（Overall）專案風險曝露（Exposure）（曝險）及個別專案風險的資訊，因此要來判別下列情況：

- 風險回應的執行是有效果的。
- 全專案風險級別已經改變。

- 已識別的個別專案風險的現況已經改變。

- 新的個別風險已經發生（Arisen）。

- 風險管理方法仍舊適當妥切。

- 專案的假設仍舊有效（Valid）。

- 風險管理政策與程序有被依循遵守。

- 應變準備（時程或成本）需要修正。

- 專案策略仍舊有效。

監督風險為三監督之一，在這三章的最後一節，都是在做監督（而不是控制）。

三監督是：第 7 章 溝通、第 8 章 風險、第 10 章 利害關係人管理。

針對本管理內涵重要的依據文件、工具與技術、及成果產出說明如下：

1. 監督風險是屬於「監控」流程群組

因此依據文件包括：工作績效資料（WPD）、工作績效報告（WPR）及專案管理計畫（主要是風險管理計畫）。其中：

監控就是「績效」與「計畫」做比較。

(1) **工作績效資料（Work Performance Data）**：於「1.3 指導與管理專案工作」介紹過，工作績效資料就是專案交付物執行中「半成品」的資料，而對於風險管理而言，就是風險回應計畫執行現況及已發生與已結束的風險等。

(2) **工作績效報告（Work Performance Reports）**：經由績效量測獲得資訊，經分析後所提供專案工作績效資訊，包括變異分析、實獲值分析資料及預測資料。

2. 技術績效分析（Technical performance Analysis）

可以進行技術構面上的關鍵績效指標審查（KPI Review），如產品特性、不良率、轉換時間、儲存能量等量化指標，若發生差距（Gap）就容易產生風險。

3. 緩衝分析（風險準備分析）（Reserve Analysis）

專案進行中要持續審查風險儲備是否足夠，主要是時程與成本，時程就是緩衝時間；成本的緩衝就是「應變準備金」與「管理準備金」。

4. 稽核（Audits）

在 5.2 管理品質有介紹過品質稽核，而此處的「**風險稽核（Risk Audits）**」，就是要確保風險管理流程的有效性，風險稽核於專案風險管理計所律定之適當頻率執行之。

5. 會議（Meetings）

主要是要召開「風險審查（Risk Review）」，可將此會議列為專案定期會議議程的一部分。

6. 監督風險的產出是「標準監控流程群組的產出」，包括：

(1) **工作績效資訊（WPI）**：是工作績效資料（WPD）經過整理的資訊，要送去 1.5 監控專案工作。

(2) **變更請求**：包括預防行動、矯正行動及缺點改正，要送去 1.6 執行整合變更控制（ICC），由變更控制委員會（CCB）進行審查。

(3) **專案管理計畫更新**：包括子計畫加上基準。

(4) **專案文件更新**。

(5) **加上組織流程資產（OPA）更新**：包括各項範本及 RBS。

深度解析 ❹

1. 補充說明「效果」與「效率」的比較

   管理大師彼得杜拉克（Peter F. Drucker）說：

   (1) Do the right thing. 做正確的事

      策略面，重點在達標（效果）（效益）（Effectiveness）。

   (2) Do the thing right. 把事做好

      執行面，重點在效率（Efficiency），效率就是（產出／投入）極大化，也就是省人、省時、省錢。

2. 風險應變、備選與繞道計畫總整理

計畫（Plan）	風險程序	建立時機	備考
應變 （Contingency）	規劃風險 回應	發生前	**Plan A：** 事先準備之應變準備（如時程及資金）
備選 （Fallback）	規劃風險 回應	發生前	**Plan B：** 應變準備可能不足，事先再另外準備時間 或資金之替代方案 （補強計畫）
繞道計畫 （Workaround）	**監督風險**	發生後	對事先未識別之風險，事後建立的補救計 畫，常常是臨時性的權宜措施 （補救計畫）

3. 專案風險管理實務案例

   某一個行銷專案的風險登錄表，包括風險項目內容、導因、發生機率、衝擊影響、風險分數、排序及風險回應行動的實務案例，如下表所示：

排序	風險項目內容	導因	機率	衝擊	風險 分數	風險 回應行動
1	專案人員離職	工作忙碌、無成就感、跳巢	0.7	0.7	0.49	迴避
2	無專案辦公室	高階管理不支持本專案	0.5	0.7	0.35	迴避
3	促銷活動受氣候影響停辦	天候影響（颱風、大雨）	0.3	0.7	0.21	轉移 （保險）

排序	風險項目內容	導因	機率	衝擊	風險分數	風險回應行動
4	廣宣得標商倒閉	廠商無法執行本專案	0.1	0.9	0.09	轉移（外包）
5	物價波動	物價上漲	0.7	0.1	0.07	減輕
6	贈品不被顧客接受	贈品挑選未考量顧客需求	0.1	0.3	0.03	接受

小試身手解答

1 (1) 0.3*0.5=0.15 經查表，是屬於中度風險，風險回應行動是轉移或減輕。

   (2) 0.5*0.9=0.45 經查表，是屬於高度風險，風險回應行動是迴避。

2 期望值的計算：0.2*5+0.3*10+0.5*20=1+3+10=14(萬)

3 決策樹（單位：萬元）

方案選擇	成本	機率	報酬	報酬期望值（Σ 機率 × 衝擊）	淨利（報酬期望值 - 成本）	備註
研發	100	市場成長（80%）	120	110 （80%×120+20%×70）	10 （110-100）	較佳之方案決策為選取淨利較高者。因改良之淨利為18 萬高於研發（10 萬），故改良為較佳之決策方案。
		市場萎縮（20%）	70			
改良	50	市場成長（60%）	80	68 （60%×80+40%×50）	18 （68-50）	
		市場萎縮（40%）	50			

4 G, E, F, A, D, C, B

5 C, D, F, E, G, H, B, A

精華考題輕鬆掌握

1. 專案有 70% 會有 10 萬元的收益，有 30% 會有 5 萬元的損失，請問這樣的期望值（EMV）是多少？
   (A) 1.5 萬 損失　　　　　　　　　　　(B) 5.5 萬 損失
   (C) 2.5 萬 收益　　　　　　　　　　　(D) 5.5 萬 收益

2. 你是一間木材行的專案經理，目前正在執行的專案發生某一風險的概率是 0.1，如果此風險事件發生，將導致你們公司損失 20,000 元。為這次事件保險的成本是 1,200 元，且需要再負擔自負額 400 元。做為一位稱職的專案經理，你是否會購買這個保險嗎？
   (A) 會，因為 2,000 元大於 1,600 元
   (B) 會，因為 2,000 元大於 1,200 元
   (C) 不會，因為自負額改變風險事件的期望值
   (D) 不會，因為 2,400 元大於 2,000 元

3. 保羅是一位專案經理，負責生產工業用機台給鋼鐵廠的專案，他對於風險管理提出了他的建議，也獲得主管同意：考量自製零件時間可能延誤，應該以向外採購零件的方式達成專案風險回應。然而人算不如天算，零件廠商交貨後卻出現規格不符合的問題，導致無論如何都無法裝置在機台上，這是一種什麼樣的風險？
   (A) 直接風險　　　　　　　　　　　　(B) 二次風險
   (C) 殘餘風險　　　　　　　　　　　　(D) 分享風險

4. 天有不測風雲，進行專案風險管理時，除了針對可能的風險擬定回應行動之外，面對未知的風險應如何進行管理？
   (A) 規劃風險管理　　　　　　　　　　(B) 建立管理準備金
   (C) 執行風險回應　　　　　　　　　　(D) 執行定性風險分析

5. 辛苦完成風險的鑑別後，你發現你所帶領的專案面臨下列風險：外國進口的貨物有 30% 的機率會缺貨，將會造成 10,000 元的損失；團隊成員因應社會議題或科技的進步，需要額外辦理訓練課程的機率是 5%，成本為 15,000 元；已編列的系統防毒軟體掃描測試費 6,000 元，可能有 10% 的機率不會被抽測到因此不需要支付，請問前述風險造成此專案的風險成本期望值是多少元？
   (A) 5,350　　　　(B) 5,150　　　　(C) 3,750　　　　(D) 3,150

6. 在數據科學的時代，擁有越多數據就能進行更精準的分析，對於未來局勢做出判斷，自然也更有利於進行風險管理。請問對於專案風險管理的哪一個管理內涵，需要準確的數據，做為進行管理的依據？

   (A) 執行定量風險分析　　　　　　　(B) 執行定性風險分析

   (C) 識別風險　　　　　　　　　　　(D) 規劃風險回應

7. 需要召集專案經理、專案成員、顧客、外部專家，進行反覆流程者，並且要識別潛在的風險擁有人與潛在的回應清單，請問前面描述的是屬於下列哪一個專案風險管理的內涵？

   (A) 執行定性風險分析　　　　　　　(B) 執行定量風險分析

   (C) 識別風險　　　　　　　　　　　(D) 規劃風險回應

8. 在專案風險管理諸多管理內涵中，風險的識別、分析和規劃回應是很重要的階段，下面的選項中何者的任務是「發展行動、選擇策略，並且同意風險回應行動」？

   (A) 執行定性風險分析　　　　　　　(B) 執行定量風險分析

   (C) 識別風險　　　　　　　　　　　(D) 規劃風險回應

9. 你被指派接手國外專案，在蒐集資料及參與會議的過程得知該國在這個季節常有水患，可能會對專案產生重大負面影響，身為初來乍到的新任專案經理，你必須執行什麼工作項目才能幫助你針對「水患議題可能採取的回應」做出決策？

   (A) 仔細查看風險管理計畫書　　　　(B) 提前購買保險減輕負擔

   (C) 查看此專案之風險登錄表　　　　(D) 申請經費組團至當地考察

10. 有關專案風險管理中的定性風險分析和定量風險分析，以下描述何者錯誤？

    (A) 須執行定量風險才能訂出已識別風險優先次序

    (B) 敏感度分析和和蒙地卡羅分析都屬於定量風險

    (C) 以泡泡圖展現影響值（Impact Value）是定性風險的一種工具

    (D) 機率與衝擊矩陣，是定性風險的一種工具

11. 以機率與衝擊矩陣執行定性風險分析後，你領導的專案出現以下四種風險，並有相對應的機率與衝擊，請問身為一位專業的專案經理，會建議要優先注意哪一個風險事件？

    (A) 機率 0.1、衝擊 5　　　　　　　(B) 機率 0.2、衝擊 4

    (C) 機率 0.3、衝擊 5　　　　　　　(D) 機率 0.4、衝擊 4

12. 專案執行時，老闆要求行政部門購買了一份保單，來涵蓋了專案可能導致延誤事件的風險，請問這是屬於哪一種風險回應規劃？

(A) 轉移   (B) 減輕   (C) 迴避   (D) 接受

13. 百密總有一疏，專案經理桑比亞領導的專案發生了未事先識別出的負面風險事件，由於事前未規劃，所以最後只能採取被動接受的回應方式，請問這是什麼樣的風險回應方式？

(A) 應變   (B) 繞道   (C) 接受   (D) 備選

14. 你的組織對於風險的管理非常重視且謹慎，因此有一個專門的風險管理部門針對各個專案的風險進行識別和管控，有一天其中為一位專案經理收到風險部門的報告，內容主要說明此專案中有兩項風險並沒有如預期發生，請問這位專案經理應該採取什麼行動？

(A) 減少專案準備金   (B) 更新風險登錄表
(C) 更新時程網路圖   (D) 未來所有的風險應對策略都隨之修改

15. 你的專案團隊中有一位表現優秀的新進員工彼得，雖然已經過了專案規劃階段，但他在專案執行階段識別到一個新的專案風險，身為專案經理的你這時會建議先怎麼處理？

(A) 將此風險與觸發條件進行比對   (B) 對風險發生的假設條件進行實際的測試
(C) 對風險進行評估   (D) 將其重新納入風險管理計畫內

16. 隔壁專案的專案經理老王和專案成員多有不合，導致有五名專案成員要同時離開這個專案團隊，請問專案經理老王首先要做什麼因應？

(A) 開始對外招募專案團隊成員   (B) 依據風險回應計畫，實施風險回應行動
(C) 重新修正工作分解結構（WBS）   (D) 重新修正組織架構與執掌圖（OBS）

17. 下列何者是定性風險分析的工具？

(A) 決策樹   (B) 龍捲風圖
(C) 機率與衝擊矩陣   (D) 蒙地卡羅分析

18. 公司的專案處長要求妳進行專案的敏感度分析，下列何項工具是妳最適合運用的？

(A) 蒙地卡羅分析   (B) 決策樹
(C) 影響圖   (D) 龍捲風圖

19. 風險管理的各項管理內涵中,下列各項何者是要去分析各個風險事件發生的機率和衝擊,來訂出風險的優先次序?

(A) 識別風險

(B) 執行定性風險分析

(C) 執行定量風險分析

(D) 規劃風險回應

20. 請問下列哪一項不屬於負面風險的回應行動?

(A) 減輕(Mitigate)

(B) 迴避(Avoid)

(C) 分享(Share)

(D) 轉移(Transfer)

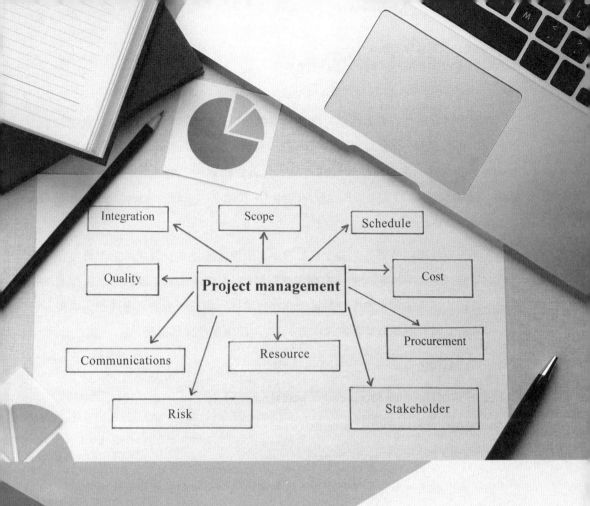

09

專案採購管理
Project Procurement
Management

　　專案採購管理是自專案團隊外購買或獲得所需之產品、服務或結果之流程。簡言之，專案採購管理即是「合約管理」，合約（Contract）是買賣雙方間具有法律效力的文件，賣方有義務提供產品，而買方有義務提供金錢或其他有價的報酬。合約又可稱為協議書（Agreement）、次合約（Subcontract）或採購單（Purchase Order）。

　　大部分的組織都有書面化的政策和程序，明確定義誰能代表組織來簽署及管理這些協議（通常專案經理是沒有權限來簽署的）。即使如此，專案經理還是需要做出正確的採購決策，並維護買賣間的良好關係。最後，要請讀者注意，本書在描述專案採購管理是以「買方（甲方）」的角度來處理採購議題。

本章包括三個管理內涵：

9.1 規劃採購管理（Plan Procurement Management）

9.2 執行採購（Conduct Procurements）

9.3 控制採購（Control Procurements）

　　由下表可看出，專案採購管理的三個管理內涵，分別屬於規劃、執行及監控流程群組：

流程群組 知識領域	起始 （I）	規劃 （P）	執行 （E）	監控 （C）	結案 （Closing）
9. 採購管理		9.1 規劃採購 管理	9.2 執行採購	9.3 控制採購	

專案採購管理的架構圖說明如下：

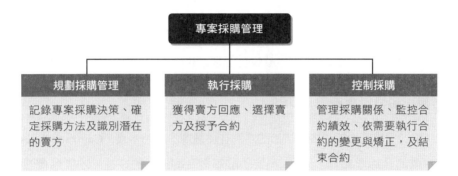

規劃採購管理	執行採購	控制採購
記錄專案採購決策、確定採購方法及識別潛在的賣方	獲得賣方回應、選擇賣方及授予合約	管理採購關係、監控合約績效、依需要執行合約的變更與矯正，及結束合約

9.1 規劃採購管理（Plan Procurement Management）

　　規劃採購管理要記錄專案採購決策、確定採購方法及識別潛在的賣方。因此要來識別「自製還是外購」（Make or Buy），亦即何項專案需求可由專案團隊完成，另何項專案需求需要採購，或向組織外部獲得產品、服務或結果。因此要考慮是否、如何、何時採購何種項目，及採購數量。

深度解析 ❶

可以運用 5W3H，進行採購規劃分析：

- Why 緣由
- What 標的
- When 時間
- Who 對象
- Where 處所
- How 方式
- How many 數量
- How much 金額

＊註：5W3H 也可用曼陀羅九宮格方式來表示。

針對本管理內涵重要的依據文件、工具與技術、及成果產出說明如下：

1. 依據的專案文件

包括企業個案（方案評選）及效益管理計畫，都是來自專案章程的內容。

2. 考量：組織流程資產（OPA）

這邊必須特別說明一下本章節的重點在於選擇「**合約形式（Contract Types）**」，專案採購的合約形式有「三種」，要了解每種合約形式的特性，才能選擇最適當的合約形式。三種合約形式說明如下：

(1) **固定價格（總價）合約（Fixed Price Contracts）**：對明確定義的產品，給一個固定的總價格。

- 特性：可以進行「開標（價格標）」，最低價者得標，範疇（規格）要定義清楚。

- 舉例：公司要買 30 台筆記型電腦（規格的差異會造成價金的差異）。

- 風險：在賣方（賣方得標後，依約定時間必須交貨）。

- 優點：最常用、風險較低（風險在賣方）、需較少之管理、全部價格已知。

- 缺點：需要更多的努力來建立工作範疇（規格），及可能會發生賣方變更申請或賣方縮減工作範圍之風險。

- 適用時機：全部工作範疇已清楚定義（已完成採購標的之細部規格設計）、不需要稽核賣方的發票、或僅需對賣方做較少的管理工作時。

- 固定價格合約的種類：

  ▶ 確實固定價格（FFP−Firm Fixed Price）。

  ▶ 固定價格加上激勵費用（FPIF−Fixed Price Incentive Fee）：可以訂出目標，若能達到，則加付固定的激勵費用。

深度解析 ❷

激勵（Incentive）：買方與賣方基於共同的目標（範疇、時間、成本、品質等）一致，一般適用於大型努力和長期的開發。例如，賣方若能提早交貨，則買方除了原始固定價格外，要多支付激勵金給賣方。

- 固定價格經濟價格調整（FPEPA–Fixed Price with Economic Price Adjustments）：以固定價格為基礎，可隨市場之經濟價格變化調整之。

深度解析 ❸

常見的實務案例包括：油價、金價、匯率等會隨市場價格波動者均屬之。例如，若油價上漲的話，則買方要給賣方補貼。

小試身手 ①

對賣方而言，(1)FFP，(2)FPIF，(3)FPEPA，哪一個是風險最高的？

(2) **成本可償還合約（Cost-Reimbursable Contracts）**：償付賣方的實際成本，再加上賣方利潤的費用。

- 特性：拿發票來結報，實報實銷。
- 適用：非我專業，請賣方提交建議書（Proposal）。
- 舉例：電腦公司參展，要委外進行展場佈置。有時可參考「政府採購法」之「最有利標」（評選標）之精神，辦理賣方建議書評選，挑選最適當的賣方。
- 風險：在買方（因為：範疇不完全），因此可訂價金上限（天花板）（Ceiling）來規範賣方。
- 支付賣方金額 = 實際成本 (發票金額)(材料錢)+ 賣方利潤 (工錢)

採購相關的觀念需要有清楚的認知：
賣方省錢：利潤要多給一些。
賣方浪費錢：利潤要扣一些。

- 優點：僅需較少的努力、時間和成本去建立工作範疇（採購規格）（因為非我專業）。

- 缺點：風險較高、要稽核賣方的發票、對賣方需要更多的管理工作、全部成本未知。

- 成本可償還合約的種類：

  ▶ 成本加激勵費用（CPIF–Cost Plus Incentive Fee）：若最後成本少於期望成本，則雙方可基於一項事先協調好的「分配比例」，來分享「額外之利潤」。

  ▶ 成本加固定費用（CPFF–Cost Plus Fixed Fee）：此為成本可償還合約中最常用的，其中固定費用指的是賣方完成工作後可得「固定之利潤」。

  ▶ 成本加授予費用（CPAF–Cost Plus Award Fee）：賣方可贖回所有的合法成本，但大多數的費用，要根據合約的「績效準則滿足」後，才能獲得。故費用支付的決定權在買方，而不是申請（Appeal）就付款。

 小試身手 2

對買方而言，(1)CPIF，(2)CPFF，(3)CPAF，哪一個是風險最高的？

(3) **時間與材料合約（Time and Material (T&M) Contracts）**：為混合型合約，有固定價格合約的特性，單位費率已事先訂定（Unit Rates Are Preset）。有成本可償還合約的特性，合約的最終價格在合約簽署時未知（Open Ended）。

- 特性：訂單價，不訂總價，因為數量未知，因此稱為「開口式」或「開放式」合約。

- 舉例：ADSL 裝機（工時 + 線材）、時薪打工、工廠叫瓦斯、計程車車資。

- 風險：在買方，因為範疇（規格）不完全。

- 優點：建立迅速，單價費率訂好，即可開始。

- 缺點：全部價格未知、需要較多的監督。

- 適用時機：成本小、緊急、短期間、買方要掌控、工作範疇不完全。

深度解析 ❹

合約形式總整理：

	成本可償還合約「實價」合約			時間與材料「單價」合約	固定價格「總價」合約		
	CPFF 加固定	**CPIF** 加激勵	**CPAF** 加授予	**T&M**	**FPEPA** 經濟可調	**FPIF** 激勵	**FFP** 固定
風險	買方			買方	賣方		
規格（SOW）	粗略			←——→	精細		
總價	不知道			不知道	已知		
稽核發票	要檢查			不用檢查	不用檢查		
賣方利潤	知道			不知道	不知道		

小試身手 ③

合約共有哪三種形式？請完成下表：

合約形式	簡介及適用時機	實例	風險在何處？

3. 資料蒐集 - 市場研究（Market Research）

如產業與賣方履約能力檢查、蒐集與識別研討會與網路上的市場來源資料，也包括要使用比較成熟的科技，以減少風險。

4. 資料分析 - 自製或外購分析（Make or Buy Analysis）

為了決定一項產品或服務要自製或向外採購，通常反映執行組織的觀點和專案的需要，以及考慮專案組織的長期策略判斷。若關鍵品項也用採購的，幾年以後，就自廢武功了。

(1) **Make**（自製）：當買方有能力和足夠的資源、要掌握核心能力、及要保護智慧財產權（Intellectual Properties to Protect）。

(2) **Buy**（外購）：當賣方有專業能力並能以更低的成本和風險執行工作。

5. 商源評選分析（Source Selection Analysis）

可考量最低價格、資格審查、品質第一、最高技術、同時考量品質與成本、單一商源（Sole Source）、固定預算等。

> 規劃是 How（如何）的問題，也就是：找方法，訂程序。
> 規劃要產生計畫，規劃 OO 管理，產生 OO 管理計畫。

6. 採購管理計畫（Procurement Management Plan）

是本管理內涵的產出，採購管理計畫說明採購流程如何管理，包括採購流程如何與專案配合，如時程、專案監控，以及主要採購活動的時間表如何安排，這次採購的度量（Metrics）（KPI）訂定來管理合約，主要利害關係人角色與責任（R&R）都會影響計畫採購的限制與假設。採購是否需要獨立估計（Independent Estimate），其中法律管轄權（Legal Jurisdiction）及付款方式，風險管理議題（如保險）如何因應，以及預審合格賣方（Pre-Qualified Selected Sellers）的確認。

7. 採購策略（**Procurement Strategy**）

(1) **交付方式**：如是否可轉包（Subcontracting）、結盟（Joint Venture）、技術轉移（Turnkey）、設計 / 投標 / 建造（DBB, Design Bid Build）、設計 / 投標 / 營運（DBO）、建造 / 擁有 / 營運 / 轉移（BOOT）等。

(2) **合約付款形式**：參照合約形式，參照合約形式，採購標的需求定義清楚時，可採用固定總價合約；若採購案會陸續演進或改變時，可採用成本加成合約。若為雙方共同努力合作，也可訂定獎勵金。

(3) **採購階段**：明確定義每一階段（Phase）的描述、採購績效指標、階段間的通過標準、追蹤進度的監控或評估計畫、知識轉移（至下一階段）的流程。

8. 招標文件（**Bid Documents**）

用於徵求可能賣方提交的建議書，共計四項，整理如下表：

項次	項目	內容說明	適用合約	輕鬆口訣
1	投標邀請書 Invitation For Bid （IFB）	用於邀請投標	固定價格合約（總價合約）	請你來參標吧！
2	請提供資訊 Request for Information （RFI）	請求對方提供資訊	徵求賣方公司資訊及採購標的物的資訊	請提供資訊吧！
3	提案邀請書 Request For Proposal （RFP）	請賣方提供執行內容、技術、期程的資訊	成本可償還合約（實價合約）	請提供建議書吧！
4	報價邀請書 Request for Quotation （RFQ）	邀請對方報價	用於時間及材料（T&M）合約（單價合約）	請提供報價書吧！

9. 採購工作說明書（Procurement Statement of Work）- 採購 SOW

採購工作說明書由專案範疇基準發展而來，使可能的賣方評估是否有能力提供產品、服務或結果，內容包括規格、需要的品質、品質等級、績效資料、績效時段、工作地點等。

10. 自製或外購決策（Make-or-Buy Decisions）

自製或外購決策是文件化的說明，包含哪些專案產品、服務或結果要向外獲得，而哪些是由專案團隊自己來執行。另外也包括保險政策、履約保證金（Performance Bond）等，以因應已識別的風險。

輕鬆口訣

本管理內涵有一個工具是「自製或外購分析」，其分析結果的產出，就是「自製或外購決策」。

深度解析 ❺

履約保證金是賣方支付給買方，確保一定會完成交貨。若未交貨，則會被買方沒收。一般履約保證金大約佔採購標的總價金的 5%-10%。

11. 商源評選準則（Source Selection Criteria）

商源評選準則要針對賣方所提之建議書（Proposal）進行評估，可分為客觀（Objective）及主觀（Subject）兩種方式，也可運用加權評分法。評選準則包

輕鬆口訣

本管理內涵有一個工具是「商源評選分析」，其分析結果的產出，就是「商源評選準則」。

括：能力與能量（Capability And Capacity）、產品成本與生命週期成本、交付日期（Delivery Date）、技術專業與方法（Technical Expertise and Approach）、工作說明書（SOW）的回應工作計畫、關鍵人員的資格（Qualification）、可利

用度（Availability）及職能（Competency）、財務穩定性（Financial Stability）、管理經驗或稱實績（Reference）、知識轉移的持續性（Suitability of Knowledge Transfer）。

12. 獨立成本估計（Independent Cost Estimate）

亦稱為合理成本估計（Should Cost Estimates），其實就是類似「**訂底標**」。可選擇由採購組織自行訂定或由外部專業估計者來準備，做為賣方計畫回應（提供的建議書）的標竿（Benchmark on Proposed Responses）（審查賣方的建議價格）。若與估計間有差異可能表示：

(1) 採購工作說明書（Procurement SOW）不適當。

(2) 賣方誤解採購工作說明書內容。

(3) 賣方未完整回應採購工作說明書。

9.2 執行採購（Conduct Procurements）

本管理內涵旨在選擇合格的賣方（Qualified Seller）及執行法律上的協議（Legal Agree）（協議就是合約 Contract），以利「採購標的」能確實達交（For Delivery）。

執行採購主要有三項任務：
(1) 獲得賣方回應（尋商訪價）。
(2) 選擇賣方（評選商源）。
(3) 授予合約（簽署協議）。

對於大型採購案而言，請求賣方回應與評估建議書（Proposal）可以是重複進行的（Repeated），也可以事先建立合格賣方清單（Qualified Sellers List），並視需要可以定期辦理。

針對本管理內涵重要的依據文件、工具與技術、及成果產出說明如下：

1. 依據的專案文件 - 採購文件

通常前一個管理內涵的產出，是後一個管理內涵當然的投入，所以規劃採購管理的產出，如投標文件、採購工作說明書（採購 SOW）、獨立成本估計及商源評選準則等，都會當做投入到執行採購的階段。

2. 依據的專案文件 - 賣方建議書（Seller' s Proposals）

本管理內涵要評選商源，因此賣方要提交建議書（或稱為提案書），內容可包括設計、品質、時程、價格等，送達買方進行評估。

3. 廣告（Advertising）

類似於「公告」的意思，如選擇適當的報紙進行刊登、特殊貿易出版物、政府機構公告及線上公告（Posting）等，此作法可擴大潛在賣方清單。通常透過廣告讓越多的賣方知道來參與標案，買方可以買到更符合的（高品質且低價格）商品。

4. 投標人會議（Bidder Conference）

亦稱為承包商、販售商或投標前會議。旨在確保所有可能的賣方均在相等的地位（Equal Footing），並對採購案有清楚、共通的了解（建議書、技術規範及合約要求）。並可依據投標商問題的回應，修正（Amendments）採購文件。

5. 建議書評估（Proposal Evaluation）

以下舉一個範例來說明：最上面的線段代表的是資格標，也就是篩選廠商是否符合資格（如專案經理必須具備 PMP 資格），不符合者就直接被淘汰。第二個線段可以運用價格標或如範例中進行「加權項目」的評估，選出得分最高的為得標廠商。如本案例，當採購案對於價格特別重視時（加權佔 50%），可以採用「獨立成本估計」來審查賣方提交的價格。

廠商	A	B	C	D	E
專案經理資格	不符合	合格	不符合	合格	合格
價格（50%）		80		90	70
品質（30%）		90		80	80
交期（20%）		70		80	70
總分		80		85	73
得標商				得標	

6. 協商（Negotiation）

是屬於專案經理的人際與團隊技巧（Interpersonal and Team Skills），在本書專案資源管理有介紹過，而在專案採購管理的應用上，買賣雙方的協商，就是「**談判**」。雙方簽約前，要澄清合約架構、要求及互相達成協議。談判的內容包含：責任、變更權限、適用的條款與法律、技術與商業管理方法、專利權、合約資金籌措、全案時程、價格及付款方式等。

重點整理　專案經理在合約談判中的角色，有兩點：
(1) 與賣方發展良好的關係。
(2) 得到公平合理的價格（不是我方最大利潤）。

深度解析 ❻

常見的談判技巧可整理如下（考題會出現一些情境題）：

- 延遲（Delay）
- 說謊（Lying）
- 撤離（Withdrawal）
- 有限授權（Limited Authority）
- 黑白臉（Good Guy/Bad Guy）
- 公平合理（Fair and Reasonable）

- 期限（Deadline）
- 意外（Surprise）
- 極端要求（Extreme Demands）
- 有權人不在場（Missing Man）
- 人身攻擊（Personal Attack）
- 既成事實（Fait Accompli）

7. 選擇的賣方（Selected Sellers）

簡單來說就是「**得標商**」，是建議書提交後或投標後，由買方評選出的賣方（供應商）。若此採購案是高複雜度、高價值、高風險的話，則要公司高管核准。

8. 協議（Agreements）

主要是「**合約（Contract）**」，也就是一個正式相互約束的協議（具法律規範），強制賣方提供規定的產品，並強制買方付款。內容包含：採購工作說明書、主要採購標的、時程、里程碑、績效報告、檢驗與驗收準則、保險與履約保證金（Performance Bound）、保固（Warranty）、獎勵（Incentives）與罰則（Penalty）、變更處理、終止與爭議處理機制。在專案溝通管理有說明過，合約的任何變更均應是「**正式且書面（Formal Written）**」。

9.3 控制採購（Control Procurements）

控制採購旨在管理採購關係、監控合約績效、依需要執行合約的變更與矯正，及結束合約。並且要確保買賣雙方之績效符合協議條款（Term）的規範，具體要進行的工作內容包括：

- 收集及管理專案紀錄，如財務績效、採購 KPI 等。
- 採購計畫與時程持續精進與控管。
- 建置機制 - 蒐集、分析及報告採購績效的資訊。
- 監督採購環境，要促使完成採購案，有需要時可進行調整。
- 進行帳單付款（Payment of Invoice）。

輕鬆口訣　控制採購就是：「履約」（履行合約）。

針對本管理內涵重要的依據文件、工具與技術、及成果產出說明如下：

1. 控制採購是屬於「監控」流程群組

因此依據文件包括：工作績效資料（WPD）及專案管理計畫（含子計畫及成本基準）。

監控就是「績效」與「計畫」做比較。

2. 求償管理（Claims Administration）

如果買賣雙方不能對於合約變更的補償達成協議，或對於是否發生了變更有著不同的意見時，就稱為「**有爭議的變更（Contested Changes）**」，也稱為爭議（Disputes）或申訴（Appeals），這些求償資料都要文件化、監控，且於整個合約生命週期間要做好管理。

3. 檢驗（Inspections）

在 2.5 確認範疇（顧客驗收）及 5.3 控制品質（品質管制）（QC）都有檢驗這個工具。此處的檢驗是針對採購標的物之品質檢驗，或者是驗證賣方的工作流程或交付標的是否符合合約的規範。

4. 稽核（Audits）

實施「**採購稽核**」，是一種結構化審查，採購稽核的權利與義務要在合約中明定。此外，採購稽核也需要評估此次採購的流程是否成功，並且「**當做一面鏡子**」（流程是否有可借鏡之處），也就是好的供應商多向其採購，不好的供應商謝謝再聯絡，相關的稽核結果可做為後續採購管理調整之依據。

有關「稽核」一詞，本書出現三處：
5.2 管理品質（品質保證）（QA）- 品質稽核。
8.7 監督風險 - 風險稽核。
9.3 控制採購 - 採購稽核。

5. 結束的採購（Closed Procurements）

是本管理內涵最重要的產出之一，由買方授權的採購高管要正式書面通知賣方合約已結束。正式結束採購的要求規範要在合約條款（Contract Terms and Conditions）中訂定（也應納入採購管理計畫律定）。要解決求償（Claim）事宜與完成付款，且專案團隊要先完成核准（Approved）（驗收）採購標的，才能結束採購。此外，合約可由買賣雙方協商而提前終止，或因賣方違約而提前終止，有時候也是買方主動提前終止（此時要賠償賣方），因此要在合約終止條款中清楚律定買賣雙方對於提前終止合約的權利及義務。

6. 採購文件更新（Procurement Documentation Updates）

包括合約及相關時程、有提出要求但未核准的變更請求、核准的變更請求、自行開發的技術文件、採購標的品質、賣方績效報告、保固（Warranties）及財務文件（帳單、付款紀錄、檢驗紀錄）。

輕鬆口訣　採購文件更新就是「履約結果的紀錄更新」。

7. 本管理內涵的成果產出

除了上述兩項外，還要加上「標準監控流程群組的產出」，包括：

(1) **工作績效資訊（WPI）**：是工作績效資料（WPD）經過整理的資訊，要送去 1.5 監控專案工作，此項當然主要是採購工作績效的資料。

(2) **變更請求**：包括預防行動、矯正行動及缺點改正，要送去 1.6 執行整合變更控制（ICC），由變更控制委員會（CCB）進行審查。

(3) **專案管理計畫更新**：包括子計畫加上基準。

(4) **專案文件更新**。

(5) **組織流程資產（OPA）更新**，包括：

- 付款時程與請求：要在合約條款中註明。

- 賣方績效評估文件：如同供應商評鑑，未來向合格的供應商採購。

- 合格賣方清單更新：將合格賣方納入清單內，不合格的則移除。

- 經驗學習資料庫：經驗學習資料歸檔及流程改善建議，做為未來採購改進的參考。

- 採購檔案：完整有索引的合約文件（包含結束的合約），並納入最終的專案檔案。

小試身手解答

1 (1) FFP，因為另外兩個可能會補貼賣方，而 FFP 是確實固定價格，沒有補貼，因此風險是最高的。

2 (2) CPFF，因為 (1) 成本加激勵費用（CPIF），願意分享利潤給賣方，表示買方一定獲得更大了利潤（或節省費用），而 (3) 成本加授予費用，是要符合績效準則才付費，因此對買方有一定的保護，而 CPFF 對買方而言，什麼好處都沒有，因此是風險最高的。

3

合約形式	簡介及適用時機	實例	風險在何處？
固定價格 （Fixed Price）（Lump Sum） （總價合約）	價格標，最低價者得標。規格清楚。	買筆記型電腦	賣方
成本可償還 （Cost-Reimbursable） （實價合約）	拿發票來結報，實報實銷。非我專業，規格不完全。	參加電腦展，展場佈置	買方
時間及材料 （Time & Material）（T&M） （單價合約）	只定單價，不定總價（因為數量未知），小成本，緊急時	工讀生（工時鐘點費）、開放式合約叫瓦斯	買方

精華考題輕鬆掌握

1. 專案經理正在與供應商進行議價，運用到許多協商與談判的技巧，請問專案目前正在進行哪一項管理內涵？
   (A) 規劃採購　　　　　　　　　　(B) 執行採購
   (C) 控制採購　　　　　　　　　　(D) 確認範疇

2. 你的公司分期付款購買了最先進的虛擬實境工廠操作模擬機，雙方合意交易但其實此機器還在測試階段，於是當初在合約中有特別註明業者要針對此機台每週提交報告書，然而賣方已 3 個星期未提交報告，你首先該怎麼辦？
   (A) 暫停繳交這期的款項
   (B) 寫信通知賣方已違約，並要求其在未來改正其表現
   (C) 判斷該報告對專案是否重要，否則可擱置
   (D) 打電話向賣方詢問報告撰寫進度

3. 合約的形式有許多種，不同的合約內容可能偏向買方或賣方有利，因此選擇和撰寫合約時不可不小心謹慎，執行下列何項管理內涵時會要選擇合約形式？
   (A) 規劃採購管理　　　　　　　　(B) 執行採購
   (C) 控制採購　　　　　　　　　　(D) 以上皆非

4. 合約的形式要謹慎律定，請問下列哪一種合約對賣方最不利？
   (A) 請求賣方提供報價書　　　　　(B) 固定價格合約
   (C) 成本可償還合約　　　　　　　(D) 時間與材料合約

5. 採購管理由於涉及合約，需要產出許多文件，其中商源評選準則（Source Selection Criteria），要在哪一個管理內涵產生？
   (A) 規劃採購管理　　　　　　　　(B) 執行採購
   (C) 控制採購　　　　　　　　　　(D) 以上皆非

6. 章合公司已完成合約談判，正在與選擇的賣方（得標商）進行協議（合約）的簽署，請問目前該公司正在進行哪一個專案採購管理內涵？
   (A) 規劃採購管理　　　　　　　　(B) 執行採購
   (C) 控制採購　　　　　　　　　　(D) 以上皆非

7. 採購是一門藝術，該如何撰寫買賣雙方都能接受的合約，又能折衝達成共識是很重要的，關於專案採購管理的描述，以下何者錯誤？
   (A) 專案採購管理是以服務提供者的角度為出發點進行管理
   (B) 廣告是一種執行採購的工具
   (C) 稽核是監控流程群組的工具
   (D) 採購策略是規劃採購的產出

8. 投標人會議（Bidder Conference）是一項重要的工具，係為了確保賣方在相等的起跑點同時向買方提出建議書文件，請問這項工具會在哪個管理內涵實施？
   (A) 規劃採購管理   (B) 執行採購
   (C) 控制採購   (D) 以上皆非

9. 一個大型咖啡連鎖店的專案經理正在執行一個前所未見的專案，內容是新建一棟廠房展現咖啡製作過程同時和原料展示櫃檯結合，方便民眾參觀以招攬顧客。該公司擁有強大的法律團隊可以撰寫各式各樣的合約，並有能力清楚定義範疇，專案經理正評估何種合約形式最為合適，請問你會給他什麼建議？
   (A) 成本加固定費用合約（CPFF）   (B) 成本加激勵費用合約（CPIF）
   (C) 成本加授予費用合約（CPAF）   (D) 固定價格合約（FPC）

10. 在一次的採購案中，賣方是企業管理顧問公司，買方每小時支付賣方團隊 5,000 元做為諮詢業務的費用，但會由買方審查賣方的績效。在今年底的審查之後，買方決定不支付合約的部分價格，請問雙方簽定的是什麼類型的合約？
    (A) 固定總價合約   (B) 成本加授予費用合約
    (C) 時間與材料合約   (D) 固定總價加激勵費用

11. 想要進行採購的買方發出投標文件（Bid Document）之後，會取得賣方公司資訊及完成標案預計方式之賣方建議書（Seller Proposal），請問得到建議書之後要依據什麼文件來評估賣方建議書的好壞？
    (A) 採購管理計畫   (B) 採購文件
    (C) 商源評估準則   (D) 合約

12. 你是 2030 年半導體產業商品展覽的學術資料專案經理，與一研究機構簽完合約過了幾個月，研究機構表示無法如期產出當天要展示的機台，請問你會如何處理？

(A) 立即終止合約
(B) 強力要求廠商於期限內交貨
(C) 請求進行採購績效審查
(D) 拒絕付款

13. 新世界行銷公司向天空電腦公司購買了許多攜帶型行動設備，天空電腦公司提供維修手冊和使用說明書的光碟，但新世界公司認為他們目前經常需要出門，沒有光碟機來讀取手冊，因此要求天空公司提供書面版本的手冊卻被拒絕，因為天空公司宣稱光碟版的手冊和說明書已符合契約書中「完整且可使用」的手冊格式。會發生這樣的爭議，是因為在哪個管理內涵出了問題？

(A) 規劃採購
(B) 管理採購
(C) 控制採購
(D) 確認範疇

14. 新福公司的副總裁主要是主管公司的採購案，他對於採購案的價格，都會要求專案經理要多花心思去編列，如果你是該公司的專案經理，你要多運用哪項工具？

(A) 市場分析
(B) 商源評選分析
(C) 獨立成本估計
(D) 自製或外購分析

15. 美嘉嘉公司新上任的採購主管發現公司專案的採購案常發生問題，她與專案管理辦公室溝通，希望針對採購標的之交付方式、採購階段通過標準及合約付款形式進行重新研擬，請問這是屬於採購的哪份文件？

(A) 採購管理計畫
(B) 商源評選準則
(C) 自製或外購決策
(D) 採購策略

16. 實實公司正在進行提案邀請書（RFP, Request For Proposal）的研擬，請問實實公司準備要採取哪一種合約？

(A) 固定價格
(B) 成本可償還
(C) 請求廠商提供資訊（RFI）
(D) 時間與材料

17. 願景公司的開發土地專案，因為工作的範疇無法確定，想要用訂單價，不定總價（因為數量未知）的方式來辦理外包處理，請問願景公司適合採取哪一種合約？

(A) 固定價格
(B) 成本可償還
(C) 請求廠商提供資訊（RFI）
(D) 時間與材料

18. 堅毅公司要進行採購案規劃，但不知道哪些廠商有能力提供該品項，請問堅毅公司需要擬定哪項文件，來給可能的賣方評估是否有能力可以提供？
(A) 採購管理計畫
(B) 採購工作說明書
(C) 獨立成本估計
(D) 投標文件

19. 東方鳳凰公司的採購案，正在運用刊登廣告（公告）的方式，讓更多的潛在供應商可以參與，請問該採購案目前處於哪一個管理內涵？
(A) 管理品質
(B) 規劃採購管理
(C) 執行採購
(D) 控制採購

20. 你身為專案經理，目前正在與賣方進行採購談判，你跟賣方說，請在明天以前決定，否則你後天一早坐上飛機到歐洲出差一個月，這件事就不再溝通了，請問是運用了哪個談判技巧？
(A) 期限（Deadline）
(B) 有權人不在場（Missing Man）
(C) 撤離（Withdrawal）
(D) 極端要求（Extreme Demands）

MEMO

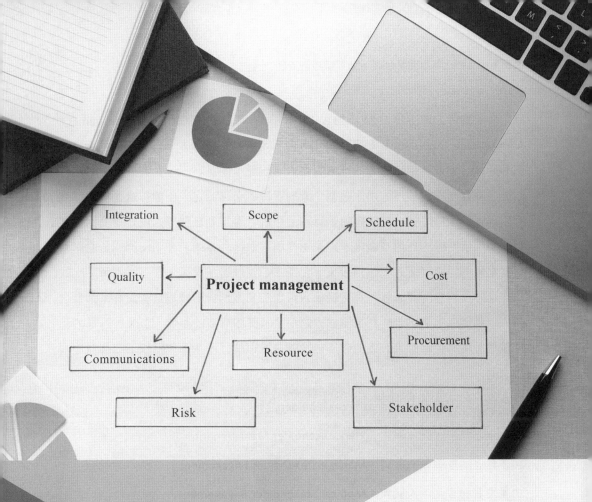

10

專案利害關係人管理
Project Stakeholder Management

　　利害關係人理論是 1984 年由 R・愛德華・弗里曼在《Strategic Management: A Stakeholder Approach》一書中提出，他界定「利害關係人」是在一個組織中會影響組織目標或被組織影響的團體或個人，因此，他認為一位企業的管理者如果想要企業能永續的發展，那麼這個企業的管理者必需制定一個能符合各種不同利害關係人的策略才行。把這運用到專案上可說，專案利害關係人就是指受到專案直接或間接影響的群體或個人，以及可從專案取得利益或有能力正面或負面影響專案結果的組織或個人，包括股東、企業主、管理者、員工、顧客、供應商、政府機構、工協會組織…等。利害關係人管理主要識別會影響專案或受專案影響之個人、團體或組織，分析利害關係人之期望及其對專案的影響，並發展適當的管理策略，讓利害關係人有效地參與專案的決策與執行，本章包括以下四個管理內涵：

10.1 識別利害關係人（Identify Stakeholders）

10.2 規劃利害關係人管理（Plan Stakeholder Management）

10.3 管理利害關係人參與（Manage Stakeholder Engagement）

10.4 監督利害關係人參與（Monitor Stakeholder Engagement）

　　下表說明專案利害關係人管理各管理內涵所屬的流程群組，識別利害關係人是唯一與發展專案章程同時進行的子流程，屬於起始流程群組，另外三個管理內涵則分屬規劃、執行、及監控流程群組：

流程群組 知識領域	起始 （I）	規劃 （P）	執行 （E）	監控 （C）	結案 （Closing）
10. 利害關係人管理	10.1 識別利害關係人	10.2 規劃利害關係人管理	10.3 管理利害關係人參與	10.4 監督利害關係人參與	

　　專案利害關係人管理的架構圖說明如下：

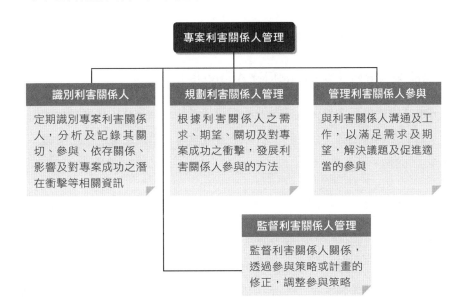

10.1 識別利害關係人（Identify Stakeholders）

本管理內涵要定期識別專案利害關係人，分析及記錄其關切、參與、依存關係（先後次序）、影響，及對專案成功之潛在衝擊等相關資訊。本管理內涵一開始與發展專案章程同時進行（或甚至早一點），然後要在每一個階段（Phase）開始，或專案、組織有重大變革時，要再進行識別利害關係人。

識別利害關係人：開始時需要識別有哪些利害關係人→利害關係人要的是什麼（分析行為動機）→利害關係人對應分類→爭取支持→降低阻礙→成功達成目標。

針對本管理內涵重要的依據文件、工具與技術、及成果產出說明如下：

1. 利害關係人分析（Stakeholder Analysis）

分析結果就是利害關係人清單及相關資訊，如組織職務、專案角色、期望、態度、關切及利害關係（Stake）。利害關係可包括：關切、權利、所有權（職稱或資產）、知識、貢獻等。

2. 利害關係人對應 / 展現（Stakeholder Mapping/Representation）

可運用二維模式分析，如權力與關切（Power/Interest）、權力與影響（Power/Influence）、衝擊與影響（Impact/Influence）、利害關係人立體（Cube）分析（三維分析），包含影響的方向：向上、向下、向外、向旁等，並可排定優先次序（Prioritization）。

3. 利害關係人登錄表（Stakeholder Register）

利害關係人登錄表是識別利害關係人最主要的產出，內容包含所有已識別利害關係人詳細的資訊，可歸類為以下三項：

輕鬆口訣

識別 OO，會產生 OO 登錄表，如 8.2 識別風險，產生風險登錄表。

(1) 識別資訊（**Identification Information**）：包括：姓名、組織職務（Position）、地點（Location）、聯絡（Contact）資訊、及專案角色（Role）。

(2) 評估資訊（**Assessment Information**）：包括：主要需求、期望及潛在的影響。

(3) 利害關係人分類（**Stakeholder Classification**）：

- 內部／外部（Internal/External）。

- 衝擊／影響／權力／關切（Impact/Influence/Power/Interest）。

- 向上／向下／向外（Upward/Downward/Outward）。

深度解析 ❶

識別利害關係人，實務上其步驟與案例可詳細說明如下：

1. 識別：大量蒐集利害關係人的資訊。

2. 分類並產生策略：策略就是行動方案（Action Plan）。

3. 影響：提升利害關係人的支持及降低阻礙。

最常用到的對應／展現是權力／關切（Power/Interest）模式－二維模式分析，一般而言，利害關係人可分成輕重遠近，權力就是輕重（重就是權力高），關切就是遠近（近就是關切度高）。專案利害關係人權力／關切模式可分析整理如下表所示，吾人可以運用權力 5 分及關切 5 分劃一條水平與垂直線，來將圖形分成四個區塊（象限），針對不同的象限，運用不同的策略（行動方案）來管理，本案例的利害關係人對應／展現可參考下圖所示：

利害關係人	關切（**Interest**）	權力（**Power**）	聯絡資訊	備考
張三	8	7		
李四	2	3		
王五	4	8		
杜六	9	2		
于七	9	6		
吳八	8	3		
丁九	2	9		

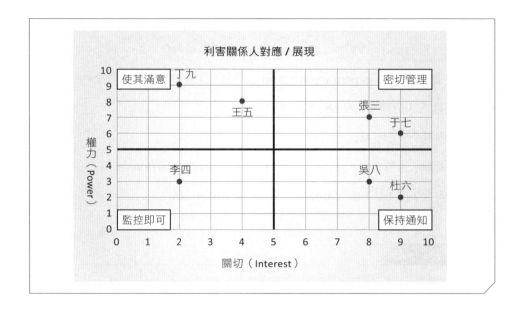

10.2 規劃利害關係人管理（Plan Stakeholder Management）

本管理內涵要根據利害關係人之需求、期望、關切及對專案成功之衝擊，發展利害關係人參與的方法。

規劃是 How（如何）的問題，也就是：找方法，訂程序。
規劃要產生計畫，規劃 OO 管理，產生 OO 管理計畫。

1. 利害關係人參與計畫（Stakeholder Engagement Plan）

是本管理內涵唯一的成果產出，也是專案管理計畫的子計畫。也就是要發展與利害關係人有效互動的行動方案，有助於利害關係人於決策制定與執行時參與的策略與行動，且本管理內涵要定期實施與重新審查。

深度解析 ❷

利害關係人參與評估矩陣（Stakeholder Engagement Assessment Matrix）的範例：這個矩陣分為主導（Leading）、支持（Supportive）、中立（Neutral）、阻礙（Resistant）、不明（Unaware）等五級，例如以下的表格案例，其中 C 代表現在參與等級（Current Engagement Level），D 代表目標理想（Desired）等級，若二者間有差距（Gap）則要強化溝通，縮小差距，以確保有效參與；若沒有差距，也要持續監督。

利害關係人	不明	阻礙	中立	支持	主導
主管機關			C	D	
附近居民		C		D	

10.3 管理利害關係人參與（Manage Stakeholder Engagement）

　　本管理內涵就是與利害關係人溝通及一起工作，以滿足他們的需求及期望，解決議題及促進適當的參與，期間專案經理要持續影響利害關係人，以提升利害關係人的支持及降低阻礙。通常在專案的早期階段受利害關係人影響最大，所以要依據 10.2 所制定的利害關係人參與計畫來進行管理。

💻 小叮嚀

「管理」有「執行」的意思，因此，「管理」利害關係人參與，是屬於「執行」流程群組。

針對本管理內涵重要的依據文件、工具與技術、及成果產出說明如下：

1. 回饋（Feedback）

包括正式與非正式談論、議題識別與討論、會議、進度報告、及調查（Surveys）等，要善用互動式溝通及協商談判技巧，並得到利害關係人的溝通回應。

2. 行為守則（Ground Rule）

於團隊章程（Team Charter）中定義，對於專案團隊與其他利害關係人於管理利害關係人參與時的行為約定。

3. 本管理內涵是屬於「執行」流程群組

但是執行與監控是分不開的，因此有許多執行流程群組的產出，也有監控流程的影子，與「標準監控流程群組的產出」相比，只是少了「工作績效資訊（WPI）」。本管理內涵的產出主要就是變更請求與文件更新，其中文件更新包括專案管理計畫更新與專案文件更新。

10.4 監督利害關係人參與（Monitor Stakeholder Engagement）

監督利害關係人參與是監督利害關係人的關係，並透過參與策略或計畫的修正，來調整參與策略。本管理內涵之重點在於：當專案展開（Evolve）及其環境改變時，要能維持或增加利害關係人參與之效果（或稱效能）（Effectiveness）及效率（Efficiency）。持續檢視是否正確地與適當地執行利害關係人參與計畫中所規劃的活動，並檢視與其之間的關係，必要時調整參與策略與計畫，以增加利害關係人的滿意度。

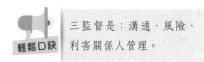

　　監督利害關係人參與為三監督之一，在這三章的最後一節，都是在做監督（而不是控制）。

三監督是：溝通、風險、利害關係人管理。

　　針對本管理內涵重要的依據文件、工具與技術、及成果產出説明如下：

1. 監督溝通是屬於「監控」流程群組

　　因此依據文件包括：工作績效資料（WPD）及專案管理計畫（資源與溝通管理計畫、及利害關係人參與計畫）。

監控就是「績效」與「計畫」做比較。

2. 監督利害關係人參與的產出是「標準監控流程群組的產出」

(1)　**工作績效資訊（WPI）**：是工作績效資料（WPD）經過整理的資訊，要送去 1.5 監控專案工作。

(2)　**變更請求**：包括預防行動、矯正行動及缺點改正，要送去 1.6 執行整合變更控制（ICC），由變更控制委員會（CCB）進行審查。

(3)　**專案管理計畫更新。**

(4)　**專案文件更新。**

小試身手 1

請完成本章各管理內涵的配合題：

10.1 識別利害關係人	（ ）	(A) 與利害關係人溝通，以滿足期望、解決議題及促進適當的參與
10.2 規劃利害關係人管理	（ ）	(B) 分析與記錄專案利害關係人對專案的關切、參與、影響及對專案成功之潛在衝擊
10.3 管理利害關係人參與	（ ）	(C) 監督利害關係人關係，修正與調整參與策略（行動方案）
10.4 監督利害關係人參與	（ ）	(D) 根據利害關係人之期望、關切及衝擊，發展利害關係人參與的方法

小試身手解答

1 B, D, A, C

精華考題輕鬆掌握

1. 為期三年的專案即將結束，主要的利害關係人都認為該專案已完成所有的目標，如期如質完成，且該專案是在預算範疇內且準時完成。以執行面來看此專案成果豐碩，但根據某負責提供人力資源之功能經理透露，有 10 名成員在專案執行期間陸續退出專案，則關於這個專案下列何者為正確？
   (A) 功能經理提供足夠的資源，且專案經理成功地使用這些資源
   (B) 此專案未達到專案目標
   (C) 專案經理獲得的資源不足
   (D) 功能經理並獲得足夠資源，但專案經理並未達成所有目標

2. 定期記錄並分析利害關係人關切之重點，在「識別利害關係人」管理內涵中，會產出什麼內容？
   (A) 利害關係人分析　　　　　　　(B) 專案績效報告
   (C) 利害關係人登錄表　　　　　　(D) 專案資訊分析手冊

3. 定期記錄並分析利害關係人關切之重點，其中「識別利害關係人」是屬於哪個流程群組？
   (A) 執行　　　　　(B) 規劃　　　　　(C) 監控　　　　　(D) 起始

4. 利害關係人有時是專案資源提供者、有時是對於專案有負面影響者，針對利害關係人對應 / 展現（Mapping/Representation）中的權力 / 關切分析法，其正確步驟為何？
   a. 識別資訊　　b. 影響（提升支持，降低阻礙）　c. 利害關係人分類、產生策略
   (A) abc　　　　　(B) acb　　　　　(C) bac　　　　　(D) bca

5. 針對下列哪種屬性的利害關係人，在鑑別和分類之後，主要會採取的策略是「盡可能使其滿意」？
   (A) 高權力、高關切　　　　　　　(B) 高權力、低關切
   (C) 低權力、高關切　　　　　　　(D) 低權力、低關切

6. 規劃利害關係人管理，主要針對利害關係人的需求、期望和關切，發展出每個利害關係人對於專案的參與方法，下列哪個不屬於「規劃利害關係人管理」之投入？
   (A) 企業環境因素　　　　　　　　(B) 組織流程資產
   (C) 利害關係人參與計畫　　　　　(D) 利害關係人登錄表

7. 依據專案的不同，利害關係人的參與程度和意向都會有所不同；另一方面，一個專案中，所有利害關係人也未必對於專案有一致的看法，請問針對利害關係人之態度，分析分類為不明、主導、支持、阻礙、中立之方法，稱為以下何者？

(A) 利害關係人登錄表　　　　　　　(B) 利害關係人參與計畫

(C) 利害關係人參與矩陣　　　　　　(D) 利害關係人對應 / 展現

8. 必須經常與利害關係人進行溝通，才能掌握他們關切的議題、促成他們更正向的參與，請問「管理利害關係人參與」是屬於哪一個流程群組？

(A) 執行　　　　　(B) 規劃　　　　　(C) 監控　　　　　(D) 結案

9. 你擔任專案經理參與了專案的規劃階段，出資者做為利害關係人向你說明專案執行期間只有短短六個月，且口頭保證該專案絕對不會有任何的變更，否則會付賠償金，專案經理應該如何？

(A) 放寬專案管理方式　　　　　　　(B) 照原定規劃設定變更控制委員會

(C) 要求更多預算　　　　　　　　　(D) 要求更長工期

10. 隨著科技的進步，溝通的形式逐漸被改變，專案經理發現利害關係人常用即時通訊軟體和專案成員討論專案的變更，但因為使用個人的帳號而沒有留下形式上的記錄，此時專案經理該如何處理？

(A) 將即時通訊軟體納入溝通管理計畫

(B) 請團隊成員每次討論都截圖並交給利害關係人簽名

(C) 規定只能以書信來往

(D) 禁止使用通訊軟體

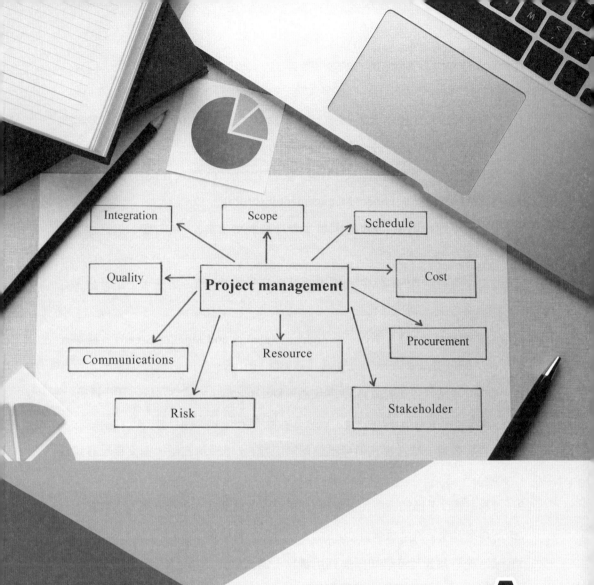

A
參考文獻與書目

1. 《專案管理知識體指南》，第六版，繁體中文版 (PMBOK Guide 6th)，國際專案管理學會 (PMI, Project Management Institute)。

2. 《專案管理知識體指南》，第七版，繁體中文版 (PMBOK Guide 7th)，國際專案管理學會 (PMI, Project Management Institute)。

3. 《專案管理輕鬆學 -PMP 國際專案管理師教戰寶典》，第一版，胡世雄、江軍、彭立言，博碩文化。

4. 《專案管理輕鬆學 -PMP 國際專案管理師教戰寶典》，第三版，胡世雄、江軍、彭立言，博碩文化。

5. 《深入淺出 PMP》，第四版，Andrew Stellman and Jennifer Greene，楊尊一譯，歐萊禮出版社。

6. 《PMP 專案管理認證手冊》，第七版，Kim Heldman，褚曉穎譯，碁峰資訊

7. 《學會專案管理的 12 堂課》，鍾文武，博碩文化。

8. 《專案管理：結合實務與專案管理師認證》，增訂第四版，劉文良，碁峰資訊。

9. 《專案管理基礎知識與應用實務》，第五版，社團法人中華專案管理學會。

10. 《專案管理認證考題解析》，張斌、許秀影，碁峰資訊。

11. 《敏捷專案管理基礎知識與應用實務：邁向敏捷成功之路》，第三版，許秀影，社團法人中華專案管理學會。

12. 《專案管理》，第六版，Clifford F. Gray and Erik W. Larson，劉雯瑜譯，華泰文化。

13. 《國際專案管理知識體中範圍管理的綜合研析》，胡世雄、李育如、余志明，全球管理與經濟，第七卷，第一期。

14. 《專案管理計分卡：評估專案管理解決方案的最佳策略工具》，傑克 · 菲利浦、提摩斯 · 博瑟爾、琳恩 · 史耐德，臉譜出版社。

15. *A Guide to the Project Management Body of Knowledge (PMBOK)*, 6th Edition, +Agile Practice Guide, Project Management Institute (PMI).

16. *A Guide to the Project Management Body of Knowledge (PMBOK)*, 7th Edition, Project Management Institute (PMI).

17. *The Standard for Organizational Project Management*, Project Management Institute (PMI).

18. *Code of Ethics and Professional Conduct*, Project Management Institute (PMI).

19. *PMP Exam Prep*, 9th Edition for PMBOK 6, Rita Mulcahy, RMC Publications.

20. *PMP Exam Study Guide*, 9th Edition for PMBOK 6, Kim Heldman, Sybex.

21. *Project Management: The Managerial Process*, 7th Edition, Clifford F. Gray and Erik W. Larson, McGraw-Hill Professional Publishing.

22. *How to Manage Projects: Essential Project Management Skills to Deliver On-time, On-budget Results*, Paul J. Fielding, Kogan Page.

23. *Project Management Professional Practice Tests*, Heldman Kim and Mangano Vanina, Sybex.

24. *PMP Exam Secrets Study Guide: PMP Test Review for the Project Management Professional Exam (Mometrix Secrets Study Guides)*, Mometrix Media LLC.

MEMO

B

精華考題輕鬆掌握
答案

第一篇 專案管理概論

01 專案管理概論

題號	1	2	3	4	5	6	7	8	9	10
答案	B	A	B	B	D	B	D	B	C	D

題號	11	12	13	14	15
答案	D	A	B	B	C

02 專案的組織環境與流程

題號	1	2	3	4	5	6	7	8	9	10
答案	C	A	B	B	D	C	B	C	D	C

題號	11	12	13	14	15	16	17	18	19	20
答案	D	B	B	A	C	D	A	D	D	B

第二篇 專案管理五大流程群組、十大知識領域

01 專案整合管理

題號	1	2	3	4	5	6	7	8	9	10
答案	D	A	C	B	C	A	B	A	C	A

題號	11	12	13	14	15	16	17	18	19	20
答案	D	A	B	B	B	C	D	B	A	C

02 專案範疇管理

題號	1	2	3	4	5	6	7	8	9	10
答案	C	C	B	A	A	C	B	D	B	D

題號	11	12	13	14	15	16	17	18	19	20
答案	B	A	D	D	A	D	B	A	B	D

03 專案時程管理

題號	1	2	3	4	5	6	7	8	9	10
答案	A	A	C	B	D	C	A	A	B	B

題號	11	12	13	14	15	16	17	18	19	20
答案	D	C	D	C	C	D	C	C	A	B

04 專案成本管理

題號	1	2	3	4	5	6	7	8	9	10
答案	A	A	B	B	C	C	B	B	A	D

題號	11	12	13	14	15	16	17	18	19	20
答案	A	A	C	C	D	C	B	A	C	B

05 專案品質管理

題號	1	2	3	4	5	6	7	8	9	10
答案	A	B	A	D	B	C	C	A	C	D

題號	11	12	13	14	15
答案	A	B	D	C	B

06 專案資源管理

題號	1	2	3	4	5	6	7	8	9	10
答案	D	B	D	C	C	A	A	C	D	D

題號	11	12	13	14	15
答案	C	B	D	C	D

07 專案溝通管理

題號	1	2	3	4	5	6	7	8	9	10
答案	C	B	B	A	C	C	D	C	A	C

08 專案風險管理

題號	1	2	3	4	5	6	7	8	9	10
答案	D	A	B	B	D	A	C	D	C	A

題號	11	12	13	14	15	16	17	18	19	20
答案	D	A	C	B	C	B	C	D	B	C

09 專案採購管理

題號	1	2	3	4	5	6	7	8	9	10
答案	B	B	A	B	A	B	A	B	D	C

題號	11	12	13	14	15	16	17	18	19	20
答案	C	C	A	C	D	B	D	B	C	A

10 專案利害關係人管理

題號	1	2	3	4	5	6	7	8	9	10
答案	C	C	D	B	B	C	C	A	B	A